高等职业院校互联网+新形态创新系列教材·计算机系列

网页设计与制作案例教程
(微课版)

陈艳平　主　编

赵叶青　董　明　舒　蕾　副主编

清华大学出版社
北京

内 容 简 介

本书以实用为原则，每章围绕知识点储备、实例演示、任务训练、知识拓展、单元测试、学习评价六部分展开。全书共分为 8 章，内容涵盖网页设计概述、网页基本元素、表格布局、Div+CSS 表格、表单、行为特效、模板和库、HTML5 等。为方便学习，本书配备了微课视频和习题答案等资源；针对教师，本书另赠电子课件等。

本书可作为计算机相关专业网页设计与制作的教材，也可供网页设计爱好者学习参考，尤其适合网页设计初学者使用。

图书在版编目(CIP)数据

网页设计与制作案例教程：微课版/陈艳平主编. —北京：清华大学出版社，2023.11
高等职业院校互联网+新形态创新系列教材. 计算机系列
ISBN 978-7-302-64700-3

Ⅰ. ①网… Ⅱ. ①陈… Ⅲ. ①网页—设计—案例—高等职业教育—教材 ②网页—制作—案例—高等职业教育—教材 Ⅳ. ①TP393.092

中国国家版本馆 CIP 数据核字(2023)第 185721 号

责任编辑：桑任松
装帧设计：杨玉兰
责任校对：李玉茹
责任印制：杨　艳

出版发行：清华大学出版社
网　　　址：https://www.tup.com.cn, https://www.wqxuetang.com
地　　　址：北京清华大学学研大厦 A 座　　　邮　　编：100084
社 总 机：010-83470000　　　　　　　　　　邮　　购：010-62786544
投稿与读者服务：010-62776969, c-service@tup.tsinghua.edu.cn
质量反馈：010-62772015, zhiliang@tup.tsinghua.edu.cn
课件下载：https://www.tup.com.cn, 010-62791865
印 装 者：三河市铭诚印务有限公司
经　　销：全国新华书店
开　　本：185mm×260mm　　印　张：14　　字　数：338 千字
版　　次：2023 年 12 月第 1 版　　　　　印　次：2023 年 12 月第 1 次印刷
定　　价：45.00 元

产品编号：090068-01

前　言

本书以实用为原则，融"教、学、做"于一体。实例以 Dreamweaver CC 2019 为平台，使读者循序渐进地充分理解并掌握 HTML5、CSS、JavaScript 等的功能，为后续课程学习奠定良好的基础，并激发学习者学习的积极性和主动性。

本书结构新颖，每章围绕知识点储备、实例演示、任务训练、知识拓展、单元测试、学习评价六部分展开。在教学内容的组织方面，知识点由简单到复杂、由易到难，"设计"视图与"代码"视图相结合，使学习者能够循序渐进、由表及里地学习知识，训练技能，拓展兴趣。

本书具体内容设计有如下体现：网页开发环境为 Dreamweaver CC 2019，代码以 HTML5 进行编写，增强了操作与代码的对应关系；案例选取以实用典型为准；设计重点、难点内容进行视频讲解。与此同时，按照党的二十大报告指出的"全面贯彻党的教育方针，落实立德树人根本任务，培养德智体美劳全面发展的社会主义建设者和接班人"，每一章增补了"学习评价"板块，实现学生素质考核。

本书由重庆航天职业技术学院陈艳平担任主编，赵叶青、董明、舒蕾担任副主编。具体编写分工如下：第 1 章、第 2 章、第 3 章、第 5 章、第 8 章由陈艳平编写，第 4 章由赵叶青编写，第 6 章由董明编写，第 7 章由舒蕾编写。

本书在编写过程中，参阅了大量的相关教材和专业书籍，在此一并向各位专家及作者表示感谢！相关的教学素材可在清华大学出版社网站下载。

鉴于作者水平有限，书中难免有不足之处，欢迎各位专家和广大读者批评、指正。

编　者

习题答案等下载

教师资源服务

目 录

第1章
网页设计概述

【学习目标】

- 掌握网页与网站的基本概念
- 掌握网页制作基础知识
- 掌握站点的创建与管理
- 掌握超文本标记语言 HTML

在学习制作网页之前，应先学会区分网页与网站，了解其工作原理，认识网页的基本构成元素，了解网页制作的基础知识，在 Dreamweaver CC 2019 的工作界面中创建站点对网站进行统一管理，熟悉 HTML。

1.1　网页与网站

随着互联网的飞速发展，网页、网站已成为人们日常生活中不可缺少的组成部分，利用它们，新闻资讯可及时查看，各种物品足不出户便可购买，亲戚朋友也可随时取得联系。下面先来了解一下网页、网站等基本知识。

1.1.1　网页

当在浏览器地址栏中输入网址后，网页就会呈现在人们的眼前，如输入 https://www.163.com，就会看到如图 1-1 所示的网页。

图 1-1　网易主页

网页(Web Page)一般由文字、图片、超链接等元素组成，另外，声音、视频、动画等多媒体元素可以为网页增添丰富的色彩和动感。网页是用 HTML 编写的(代码)，通过 WWW 传输，并被 Web 浏览器翻译成可以显示出来的集文本、图片、声音和动画等诸多信息元素于一体的页面文件。

人们在浏览网站时，首先访问的是网站的首页或主页，然后才能访问其他的网页。首页一般起欢迎的作用，除一些图片及说明性文字之外，只有进入网站的超链接，点击该超链接才能访问网站的主页。大多数作为首页的文件名是 index、default 加上扩展名。主页是整个网站的导航中心，是网站的链接中心。

1.1.2　网站

网站(Website)是把包括网页在内的信息文件通过超链接的形式关联起来而形成的信息文件的集合。开发者通过超链接为网站中的多个网页建立联系，形成一个主题鲜明、风格一致的 Web 站点。

　　网站是一个文件夹，其中的文件不仅有网页，还有网站所需要的其他文件或文件夹。网页是一种页面文件，用来发布各种信息。网页是网站的构成要素，是网站信息发布与表现的一种主要形式。

　　通常情况下，网站都有一个主页，其中包括网站的 Logo 和导航栏等内容，导航栏包含了指向其他网页的超链接。

1.1.3　网站的工作原理

　　制作者将网站发布到 Web 服务器中，浏览者通过浏览器向 Web 服务器发出请求，Web 服务器则根据请求把浏览者所访问的网页传送到客户端，显示在浏览器中。一个静态网站的工作过程可以归纳为以下 4 个步骤，工作原理如图 1-2 所示。

图 1-2　网站的工作原理

　　(1)　用户在浏览器的地址栏中输入要访问网站的域名，如 https://www.163.com，按 Enter 键触发这个浏览请求。

　　(2)　浏览器根据域名的 IP 地址向 Web 网站服务器发出浏览请求，Web 服务器接受这个请求。

　　(3)　若找到网页，Web 服务器从服务器硬盘的指定位置或内存中读取正确的 HTML 文件，然后将它发送给请求浏览器。

　　(4)　用户的浏览器解析这些 HTML 代码，并将相应的内容显示出来。

1.1.4　网页的基本构成元素

　　网页由文本、图像、多媒体、超链接等基本元素构成。

1. 文本(Text)

　　一般情况下，文本在网页中占了较大比重，是网页传递信息的主要载体。文本的特点是传递速度快、信息量大、占用的存储空间相对较小。在网页中，可以对文本的字体、大小、颜色、行距等进行设置。用于网页正文的文字，建议不要使用过多的字体，中文文字一般用宋体，字体大小为 9 磅或 12 像素左右。

2. 图像(Image)

　　图像是美化网页必不可少的元素。网页上的图像一般使用 JPG 格式、GIF 格式或 PNG 格式。网页中的图像主要有用于点缀的小图片、介绍性的照片、代表企业形象或栏目内容的标志性图片(Logo)、用于宣传的广告(Banner)等形式。

3. 多媒体(Multimedia)

多媒体是网页中最活跃的元素，创意出众、制作精美的动画是吸引浏览者眼球的有效方法之一。网页中可使用的多媒体对象有 Flash 动画、音频、视频、Java 小程序等。但网页多媒体元素不宜太多，否则会使人眼花缭乱，产生视觉疲劳。

4. 超链接(Hyperlink)

超链接是指从一个网页指向另一个目的端的链接关系。这个"目的端"通常是一个网页、相同网页上的不同位置、一个下载的文件、一幅图片、一个 E-mail 地址等。超链接的对象可以是文字、按钮或图片。当鼠标指针指向超链接位置时，会变成小手形状。网页中的导航栏是一组超链接，用于引导浏览者查看站点的不同页面或栏目。

5. 表格(Table)

表格可用于网页布局，组织整个网页的外观，也可分门别类地显示数据信息，但当今社会网页设计中更多使用 Div+CSS 技术实现网页布局。

6. 表单(Form)

表单是用来收集访问者信息的区域。表单由不同功能的表单域组成，最简单的表单包含一个输入区域和一个提交按钮。根据功能与处理方式的不同，通常将表单分为用户反馈表、留言簿、用户注册和搜索等。

7. 页面尺寸

在设计网页时，要确定网页的尺寸大小。网页尺寸与显示器大小及分辨率有关，由于网页的显示无法突破显示器的显示范围，所以网页的显示范围也受到限制。原则上，页面长度不超过 3 屏，页面宽度不超过 1 屏。一般情况下，计算机显示器的分辨率为 1024px×768px 时，建议页面尺寸设计为 1000px×600px。但随着宽屏显示器的流行，页面宽度逐渐超过"习惯"参数，为每个显示器定制专属的页面也不太可能，故建议网页两边预留 20px 左右的空白。

1.2　网页制作的基础知识

在学习制作网页前，需要先了解并掌握有关网页的基础知识、网页制作工具和网页设计与制作的分类等。

1.2.1　网页的基础知识

1. Internet

Internet，中文正式译名为因特网，又叫作国际互联网，是由使用公用语言互相通信的计算机连接而成的全球网络。一旦连接到它的任何一个节点上，就意味着计算机已经连入 Internet 了。Internet 的用户目前已经遍及全球，有几十亿人在使用 Internet，并且它的用户数还在逐年上升。

2. WWW

WWW(World Wide Web)也称为万维网。万维网只是互联网所能提供的服务之一，是依靠互联网运行的一项服务。万维网基于超文本结构体系，由大量的电子文档组成，这些电子文档存储在世界各地的计算机上，通过各种类型的超链接连接在一起，目的是让不同地方的人使用一种简单的方式共享信息资源。

从技术上讲，WWW 包含 3 个基本组成部分：URL(统一资源定位器)、HTTP(超文本传输协议)、HTML(超文本标记语言)。

3. URL

URL(Uniform Resource Locator，统一资源定位器)是一个指定 Internet 上资源位置的标准，也就是人们常说的网址，如 https://www.163.com。

4. W3C

W3C(World Wide Web Consortium，全球万维网联盟)是国际著名的标准化组织，该联盟于 1994 年 10 月在美国麻省理工学院计算机科学实验室成立，至今已发布近百项与万维网相关的标准，对万维网的发展作出了杰出的贡献。

5. HyperText

HyperText(超文本)是一种可以指向其他文件的文字或图片，这种功能称为超链接(HyperLink)。超文本是一种组织信息的方式，它通过超链接将网页中的文字或图片与其他对象相关联，为人们查找信息提供了一种快捷方式。

6. HTTP

HTTP(HyperText Transfer Protocol,超文本传输协议)是互联网上应用最为广泛的一种网络协议。所有的 WWW 文件都必须遵守这个标准。

7. HTML

HTML(HyperText Markup Language，超文本标记语言)是 Internet 中编写网页的主要标记语言。网页文件也可以称为 HTML 文件，其扩展名为.html 或.htm。HTML 文件是纯文本文件，可以使用任何能够生成 TXT 类型源文件的文本编辑器来产生超文本标记语言文件，只要修改文件后缀即可。

8. XHTML

XHTML(eXtensible HyperText Markup Language，可扩展超文本标记语言)是一种基于 XML 的标记语言，看起来与 HTML 有些相像，但 XHTML 是一种增强的、结合部分 XML 强大功能及大多数 HTML 简单特性的超文本标记语言，它的可扩展性和灵活性能适应未来网络应用更多的需求。

9. HTML5

HTML5 是 HyperText Markup Language 5 的缩写，是 HTML 最新的修订版本，2014 年

10 月由万维网联盟(W3C)完成标准制定,在移动设备上支持多媒体,符合现代网络发展要求。

10. CSS

CSS(Cascading Style Sheet,层叠样式表)用于对网页布局、字体、颜色、背景和其他图文效果实现精确的控制。CSS 可以一次性控制多个文档中的文本,并且可随时改动 CSS 的内容,以自动更新文本的样式。

11. JavaScript

JavaScript 是一种脚本语言,可以和 HTML 混合在一起使用,用来实现在一个 Web 页面中与用户的交互作用。

12. Browser 与 Server

Browser 即浏览器,Server 即服务器,连在一起的简写形式即为常见的 B/S。用户通过浏览器连接到 Web 服务器上,才能阅读 Web 服务器上的文件。信息的提供者建立好 Web 服务器,用户使用浏览器可以取得服务器中的文件及其他信息。

1.2.2 网页制作工具

在网页设计制作中,经常会涉及图像处理、动画制作、网站发布等问题。目前,此类相关专业软件功能越来越完善,操作越来越简单,应用也非常广泛。

制作网页的常用工具有以下几种。

- 制作网页的专门工具:Dreamweaver 和 HBuilder。
- 图像处理工具:Photoshop 和 Fireworks。
- 动画制作工具:Flash 和 Swish。
- 图标制作工具:小榕图标编辑器和超级图标。
- 抓图工具:HyperSnap、HyperCam 和 Camtasia Studio。
- 文本文件编辑工具:记事本和 UltraEdit。
- 全景图片制作工具:Cool360。
- 网站发布工具:CuteFTP。

1. Dreamweaver

Dreamweaver CC 是 Adobe 公司 Dreamweaver 系列软件的最新产品。新版本推出了一些新增功能,令 Web 设计人员和 Web 开发人员可以快速轻松地设计、编码和发布在任何尺寸的屏幕上都赏心悦目的网站和 Web 应用程序,制作适用于多种浏览器或设备的精美网站。

2. HBuilder

HBuilder 是 DCloud(数字天堂)推出的一款支持 HTML5 应用的 Web 开发的集成开发环境(IDE)。HBuilder 本身主体是用 Java 编写的,其最大优势是快,通过完整的语法提示和代码输入法、代码块等,可大幅提升 HTML、JavaScript、CSS 的开发效率。

3. Photoshop

Photoshop 是 Adobe 公司旗下最为出名的图像处理软件之一,其界面友好,支持多种图像格式以及多种色彩模式，还可以任意调整图像的尺寸、分辨率及画布大小。Photoshop 可用于设计网页整体效果图、网页 Logo、网页 Banner 和网页中的广告等图像。

4. Flash

Flash 是一款常用的动画制作软件，用于制作和编辑具有较强交互性的矢量动画，可以方便地生成.swf 动画文件，此文件可嵌入 HTML。Flash 动画已成为网站中必不可少的元素，为网页增添生动色彩，以吸引更多的浏览者。

5. Fireworks

Fireworks 是一款将矢量图形处理和点阵图形处理合二为一的专业化图形设计软件。它可以对各种图像文件进行编辑和处理，也可以直接生成包含 HTML 和 JavaScript 代码的动态图像。

1.2.3 网页设计与制作的分类

网页设计与制作一般分为静态网页制作和动态网页制作两类。

1. 静态网页的设计与制作

静态网页是标准的 HTML 文件，它的文件扩展名是.htm、.html，可以包含文本、图像、声音、Flash 动画、客户端脚本和 ActiveX 控件及 Java 小程序等。在 HTML 格式的网页中，也可出现各种动态的效果，如 GIF 格式的动画、Flash 动画和滚动字幕等，在视觉上是"动态效果"。静态网页仅仅用来被动发布信息，而不具有交互功能。

2. 动态网页编程技术

动态网页是指交互式网页，与后台数据库进行交互并传递数据，需要用动态网页编程技术来实现。常用的动态网页编程技术包括 ASP.NET、JSP、PHP 等网络编程语言。动态网页的表现形式有论坛、留言板或网站后台管理页(在网站后台进行信息添加和修改，前台则自动更新)等，常常以.aspx、.jsp、.php 等形式为后缀，并且在动态网页网址中会有一个标志性的符号"?"。

1.3 网页设计的基本流程

网站由许多网页组成，若想使网页吸引眼球、受人欢迎，要求网站的内容、结构、颜色、美工等有一个很好的规划。建立一个网站的流程如下。

1. 确定网站的主题

设计网站的第一步就是要确定网站的主题，根据客户要建设的网站以及相关要求确定网站的类型，包括网站的功能要求、内容要求、色彩要求、栏目要求、性能要求、布局要求、操作要求等，最终形成用户的需求分析。

2. 网站的总体规划

掌握客户的需求后，便要对网站项目进行总体的规划性设计，包括网站设计工具、内容和色调、版面布局设计、网站栏目设置、界面设计和制定网站建设规划等。

3. 制作网页

(1) 收集网站素材资料。制作网站之前，收集文本、图片、视频、音频等素材，将来作为网站的 Logo、广告栏、导航栏等页面元素。

(2) 确定网页版面布局，注意多个页面风格的一致性。

(3) 制作网页。利用网页制作工具制作静态的网页与动态的网页。

(4) 添加网页特效。利用 HTML、Flash 动画、层等制作特效，增加网页的艺术效果。

4. 测试和发布网站

网站制作好后，要对网站进行测试，包括网站的浏览器兼容性和站点超链接完好性。通过客户验收后，提供给客户发布到网上，供其使用。

5. 网站的更新与维护

网站发布后，在合同有效期内，根据客户的要求，对网站进行有针对性的修改，定期维护、更新内容和板块，定期做好网站数据备份工作。

1.4　创建本地站点

网站是网页和相关信息的集合，而站点是用于存放该文件集合的文件夹，一般使用 Dreamweaver CC 2019 创建和规划本地站点。

1.4.1　Dreamweaver CC 2019 简介

Dreamweaver CC 2019 是 Adobe 公司推出的一款具有可视化编辑界面、用于制作和编辑网页的软件。使用 Dreamweaver CC 2019，可快速创建、编辑网页和网站。

1. 启动

在 Windows 10 操作系统中安装 Dreamweaver CC 2019 程序后，单击 Windows 开始界面中的"开始"按钮，选择"所有程序"→Adobe→Adobe Dreamweaver CC 2019 命令，启动 Dreamweaver CC 2019，如图 1-3 所示，初始化文件后，界面如图 1-4 所示。

Dreamweaver CC 2019 开始界面包括以下几个方面的内容。

* 顶部菜单栏：有文件、编辑、查看、帮助等 9 个菜单项。
* 下部左侧通用工具栏：有打开文档、文件管理、自定义工具栏等。
* 下部中间欢迎栏：有新建、打开等主要功能。
* 下部右侧面板组：停靠在右侧的浮动面板集合，包含"插入"面板、"文件"面板、"资源"面板、"CSS 设计器"等浮动面板。

2. 退出

单击开始界面右上角的"关闭"按钮，可退出程序。

图 1-3　初始化文件界面

图 1-4　Dreamweaver CC 2019 开始界面

3. Dreamweaver CC 2019 工作界面

在开始界面中，选择"新建"栏中的 HTML 选项，可新建一个静态网页，默认文件名为 Untitled-1.html。Dreamweaver CC 2019 的工作界面由标题栏、视图模式、工作区布局、标签选择器、属性面板和面板组等组成，如图 1-5 所示。下面重点介绍其中的几项内容。

- "插入"面板：用于创建和插入对象(图像、超链接和表格等)的按钮，组合键是 Ctrl+F2。
- "属性"面板：用于显示选择对象(文本、图像和表格等)的信息，组合键是 Ctrl+F3。
- "文件"面板：用于管理站点中的文件，快捷键是 F8。
- 面板组：用于集成多种工具面板，包含常用的"CSS 设计器"、DOM 等，单击最上部右侧的折叠/展开按钮，可以折叠或展开面板组。

- 标签选择器：用于选择标签及其全部内容。如单击<body>标签，可选择整个文档。

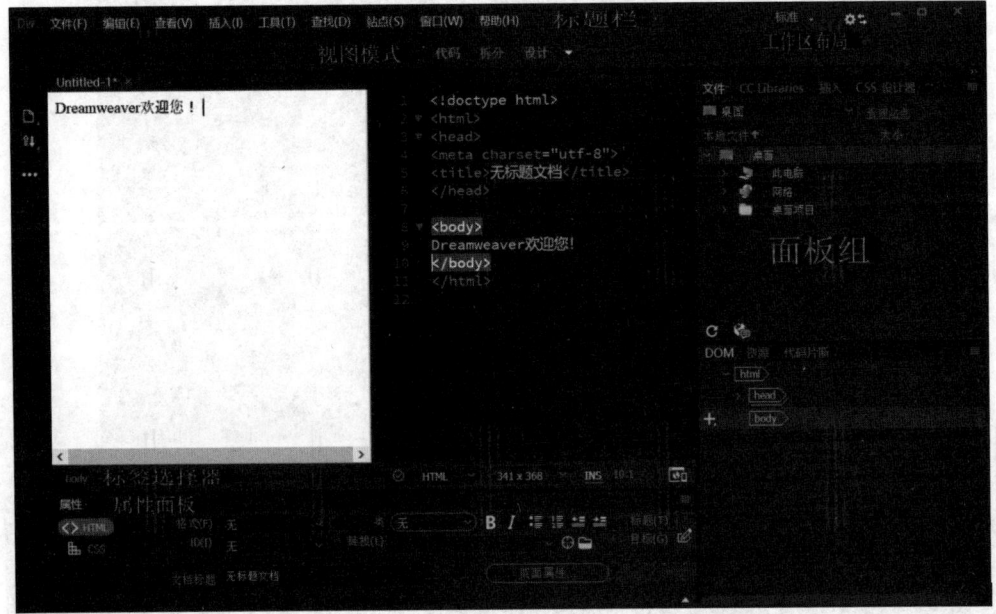

图1-5　Dreamweaver CC 2019 的工作界面

1.4.2　建立本地站点

建立本地站点是在本地计算机硬盘上建立一个文件夹作为站点的根目录，然后将网页及其相关的文件存放在该文件夹中。当发布站点时，将文件夹中的文件上传到 Web 服务器即可。

创建本地站点

1. 在计算机硬盘上新建一个文件夹作为本地站点的根文件夹

如在 D 盘根目录下新建文件夹 MyWebSite。

2. 在 Dreamweaver 中建立站点

(1) 选择"站点"→"新建站点"菜单命令，打开"站点设置对象未命名站点 1"对话框。

(2) 选择"站点"选项(默认选项)。在"站点名称"文本框中输入"study"，单击"本地站点文件夹"文本框右侧的"浏览"按钮，查找并选择本地计算机 D 盘中的 MyWebSite 文件夹，使其作为本地站点根文件夹，文本框的具体内容如图 1-6 所示。对话框左侧有 4 个选项，介绍如下。

- 站点：用于定义站点的基本信息。"站点名称"文本框用于输入站点的名称。此名称会在"文件"面板和"管理站点"对话框中出现，但不会显示在浏览器和"计算机"窗口中。"本地站点文件夹"文本框用于指定站点的本地文件夹，单击文本框右侧的"浏览"按钮，可以查找所要指定的文件夹。
- 服务器：用于设置远程和测试服务器相关的信息，主要用于动态网站的构建。

- CSS 预处理器：指定要保存生成的 CSS 文件的位置。
- 高级设置：用于设置遮盖，设计备注、文件视图列等内容，初期网站设计一般不经常使用。

图 1-6 "站点设置对象 study"对话框

(3) 单击"保存"按钮，完成本地站点创建。此时，"文件"面板中会显示新建的站点，如图 1-7 所示。面板中显示了站点的名称、本地文件夹名称和位置等站点的相关信息。

图 1-7 新建本地站点后的"文件"面板

3. 向站点中添加内容

新建的站点是一个空的站点，可以通过 Dreamweaver CC 2019 的"文件"面板方便地向站点添加文件或文件夹等内容。

1) 创建文件夹

网站是网页和各种信息文件的集合，所以要分类建立文件夹以管理网页与各种信息文件，否则把所有网页都放在站点根目录下，不利于查找和整理文件。在站点创建文件夹的操作步骤如下。

(1) 在"文件"面板中右击站点，在弹出的快捷菜单中选择"新建文件夹"命令，如

图 1-8 所示。

新建文件(F)
新建文件夹(R)
打开(O)
打开方式(W)
编辑(E)
选择(S)
编译(M)　　　　　F9
Git
获取(G)
取出(E)
上传(P)
存回(H)
撤消取出(U)
显示取出者(B)...
复原页(R)
与远程服务器比较(W)
站点特定的代码提示(S)...
同步(Z)...
显示同步信息
遮盖(I)
解锁(L)
在远程服务器上定位(M)
在浏览器中打开
检查链接(K)
添加到收藏夹(V)
设计备注(I)...
浏览(X)...
刷新本地文件(H)

图 1-8　选择"新建文件夹"命令

(2) 在本地站点的根文件夹下出现名为 untitled 的新文件夹,将其重命名为 images,并按 Enter 键确认,完成后的"文件"面板如图 1-9 所示。

图 1-9　在站点中新建文件夹后的"文件"面板

2) 新建主页

主页是网站中必不可少的文件。在"文件"面板中的站点名称上右击,从弹出的快捷菜单中选择"新建文件"命令,新建一个名为 untitled.html 的网页文件,将其重命名为 index.html(htm)或 default.html(htm),完成后的"文件"面板如图 1-10 所示。

提示:　① 新建普通网页与新建主页的操作方式一致,只是文件名不同。注意,普通网页一般根据需要放在不同的子文件夹下。
② 在"文件"面板中创建文件夹或创建新文件后,可按 F5 键或者单击 (刷新)按钮刷新。

图 1-10　在站点中新建主页文件后的"文件"面板

3)　复制、删除和重命名网页

在"文件"面板中的相应网页名称上右击，在弹出的快捷菜单中选择"编辑"命令，再选择"复制"、"删除"或"重命名"等命令即可。

1.4.3　管理本地站点

创建站点后，可通过"管理站点"对话框对站点进行管理，如可进行站点的复制、删除、编辑和增加等操作。

1. "管理站点"对话框

选择"站点"→"站点管理"菜单命令，打开"管理站点"对话框，如图 1-11 所示，将会显示所创建的站点。未创建站点之前，站点列表会是空白的。

图 1-11　"管理站点"对话框

在"管理站点"对话框中，各按钮的功能如下。

● 新建站点：用于创建新的 Dreamweaver 站点。

● 导入站点：用于导入从 Dreamweaver 导出的站点。

● 功能按钮：在站点列表下面是管理站点的功能按钮，从左到右依次是"删除"按钮━、"编辑"按钮✎、"复制"按钮▣和"导出"按钮▣。

提示: ① 在"文件"面板的站点名下拉列表中也可选择"管理站点"命令。

② 单击"导出"按钮,会出现"导出站点"对话框,如图 1-12 所示。选择路径并保存成.ste 的站点文件,如 study.ste,将连同站点中的文件夹一起复制到另一台机器上的相应目录中。注意,站点文件夹若与原目录不一致,需要重新修改站点目录。

图 1-12 "导出站点"对话框

2. 删除站点

利用"管理站点"对话框中的"删除"按钮,可以删除站点列表中的站点及其所有的设置信息,但并不会删除计算机中的站点文件夹及文件。删除站点的操作步骤如下。

(1) 在站点列表中选择要删除的站点。

(2) 单击"删除"按钮,则会删除选中的站点。

编辑站点、复制站点、导出站点的操作步骤与删除站点类似,此处不再赘述。

提示: 删除站点仅仅是将站点从站点列表中删除,使得被删除站点中的文件夹与文件脱离 Dreamweaver,但实际仍然存在于计算机中。

1.4.4 网页文件的基本操作

1. 新建网页

在 Dreamweaver 开始界面中选择"新建"栏中的 HTML 选项,系统会新建一个名为 Untited-1 的空白文档;还可按照以下操作新建网页。

(1) 执行以下任一操作,打开"新建文档"对话框,如图 1-13 所示。

● 选择"文件"→"新建"菜单命令(对应的快捷键为 Ctrl+N)。

● 单击欢迎窗口中的"新建"按钮。

(2) 选择"新建文档"选项,再选择 HTML 选项,然后单击"创建"按钮,则新建一个空白文档。

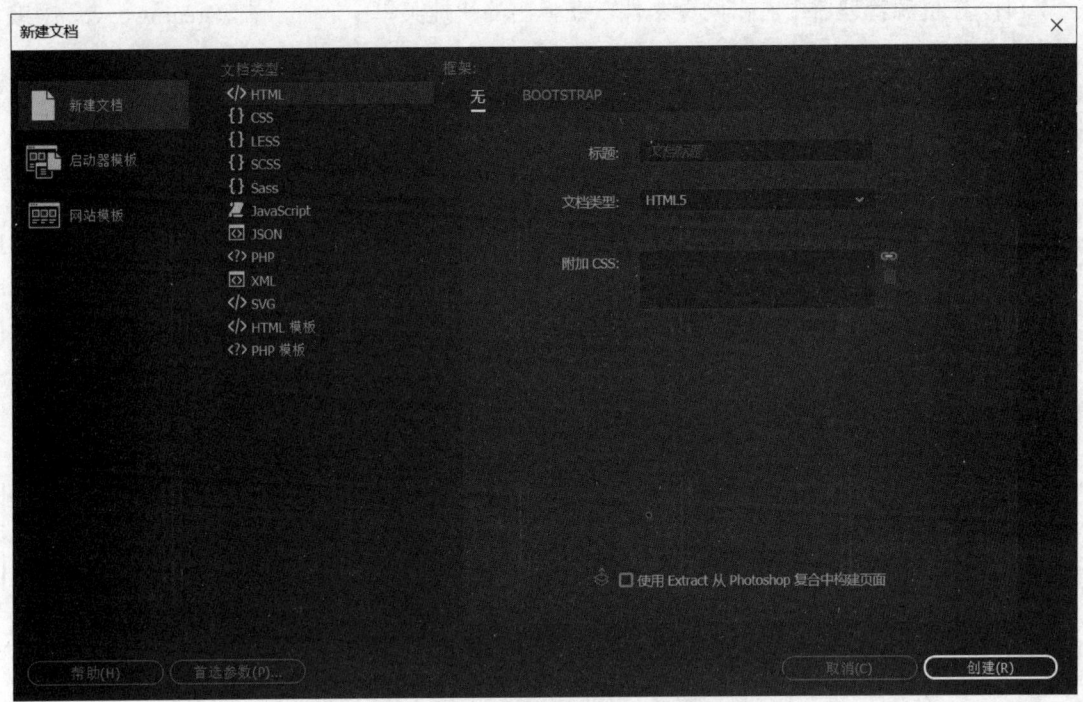

图 1-13　"新建文档"对话框

2. 保存网页

无论是新建网页还是正在编辑的网页，都需要随时保存。保存网页的方法有以下几种。

(1) 选择"文件"→"保存"菜单命令(对应的快捷键为 Ctrl+S)。

(2) 单击标准工具栏上的"保存"按钮 。

(3) 选择"文件"→"另存为"菜单命令，在"另存为"对话框中选择网页的保存位置，在"文件名"文本框中输入文件名，单击"保存"按钮。

提示：　浏览网页时，对喜欢的网页可在浏览器窗口中选择"文件"→"保存网页"
　　　　　菜单命令(对应的快捷键为 Ctrl+S)，在弹出的对话框中选择"网页，全部"选
　　　　　项，使用默认的文件名将网页保存下来。所保存的目录会有一个 HTML 文档
　　　　　与专门存放该网页要用到的相关图片文件等的文件夹"*_files"。

3. 关闭网页

选择"文件"→"关闭"菜单命令，或单击文档窗口右上角的"关闭"按钮，即可关闭网页。

4. 打开网页

打开网页有以下 4 种方法。

(1) 选择"文件"→"打开"菜单命令(对应的快捷键为 Ctrl+O)。

(2) 单击标准工具栏上的"打开"按钮 。

(3) 在"文件"面板中双击要打开的文件。

(4) 在资源管理器中右击网页文件,在弹出的快捷菜单中选择"在 Dreamweaver 中编辑"命令。

5. 浏览网页

编辑好的网页可以随时在浏览器中预览,以查看网页的版式及链接的完整性,从而对网页进行修改。在 IE 浏览器中预览,可执行以下任一操作:

(1) 选择"文件"→"实时预览"→Interent Explorer 菜单命令。

(2) 按 F12 键。

(3) 在视图模式中单击 设计 按钮,选择下拉菜单中的"实时视图"命令。

1.4.5 设置首选参数

为更方便地使用 Dreamweaver CC 2019,用户可以根据自己的爱好与工作方式进行参数的设置。

1. 打开"首选项"对话框

(1) 在 Dreamweaver CC 2019 主界面中,选择"编辑"→"首选项"菜单命令(对应的快捷键为 Ctrl+U),打开"首选项"对话框,如图 1-14 所示。

图 1-14 "首选项"对话框

(2) "首选项"对话框左边的"分类"列表框中列出了 25 种不同类别,选择一种类别后,该类别所有可用的选项将会显示在对话框右边的参数设置区域,根据需要修改参数并单击"应用"按钮,即可完成参数设置。

2. 设置启动 Dreamweaver CC 2019 时不再显示开始屏幕

打开"首选项"对话框后,在该对话框左边的"分类"列表框中选择"常规"选项,如图 1-14 所示,取消选中右边"文档选项"选项组中的"显示开始屏幕"复选框,然后单击"确定"按钮即可。

3. 设置网页的默认扩展名为.html

打开"首选项"对话框后,在该对话框左边的"分类"列表框中选择"新建文档"选项,然后在右边将"默认文档"设置为 HTML,将"默认扩展名"设置为.html,将"默认文档类型"设置为 HTML5,将"默认编码"设置为 Unicode(UTF-8)即可,如图 1-15 所示。

图 1-15　设置"新建文档"首选项

4. 设置"复制/粘贴"参数

打开"首选项"对话框后,在该对话框左边的"分类"列表框中选择"复制/粘贴"选项,然后在右边选中"带结构的文本以及全部格式(粗体、斜体、样式)"单选按钮即可。还可设置是否保留换行符、是否清理 Word 段落间距等属性,如图 1-16 所示。

5. 设置在浏览器中预览

打开"首选项"对话框后,在该对话框左边的"分类"列表框中选择"实时预览"选项,即可添加浏览器并设置主浏览器,如图 1-17 所示。

6. 设置窗口大小

目前,显示器的屏幕分辨率一般设置为 1024px×768px。在网页设计视图编辑窗口下方的状态栏显示了当前的窗口大小,如图 1-18 所示。选择"编辑大小"命令,弹出"首选项"对话框,如图 1-19 所示。在对话框右边可添加自定义的窗口,分别输入一个宽度值和一个高度值以及描述文字，可以看到自定义的窗口大小。

图 1-16　设置"复制/粘贴"首选项参数

图 1-17　设置"实时预览"首选项参数

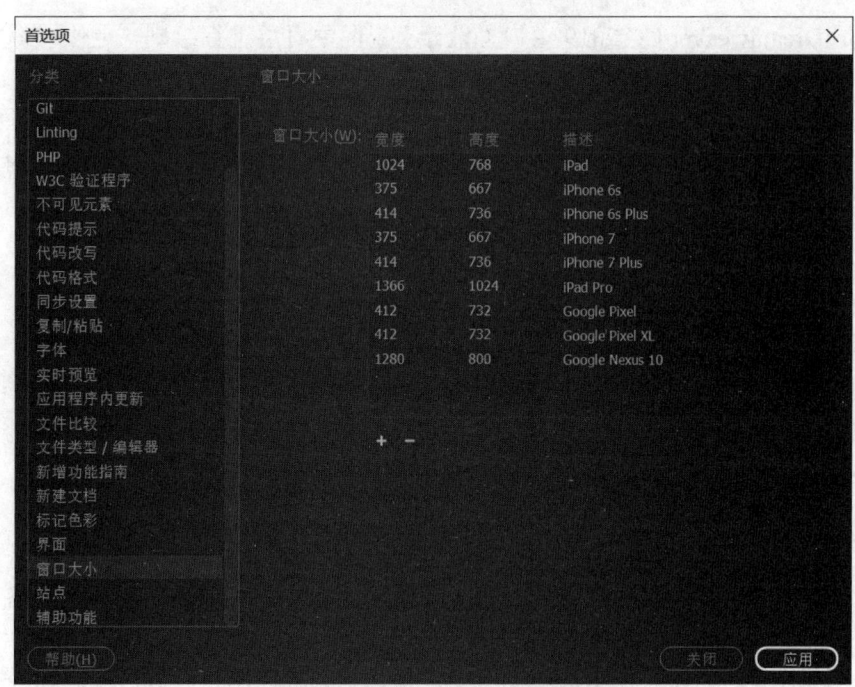

1024 x	768	iPad
375 x	667	iPhone 6s
414 x	736	iPhone 6s Plus
375 x	667	iPhone 7
414 x	736	iPhone 7 Plus
1366 x	1024	iPad Pro
412 x	732	Google Pixel
412 x	732	Google Pixel XL
1280 x	800	Google Nexus 10

✓ 全大小
编辑大小…
✓ 方向横向
方向纵向

图 1-18 网页设计视图编辑窗口状态栏

图 1-19 设置"窗口大小"首选项参数

1.4.6 使用辅助工具

标尺、网格和辅助线是 Dreamweaver CC 2019 网页排版的三大辅助工具。

1. 标尺

标尺可精确估计所编辑网页的宽度与高度,使网页更符合浏览器的显示要求。与标尺有关的菜单项如图 1-20 所示。

- 显示或隐藏:选择"查看"→"设计视图选项"→"标尺"→"显示"菜单命令(对应的快捷键为 Alt+F11),即可切换标尺的显示与隐藏效果。

- 重设原点与恢复原点默认值：标尺原点的默认位置在 Dreamweaver CC 2019 主窗口"设计"视图的左上角。若要重设原点的默认位置，可选择"查看"→"设计视图选项"→"标尺"→"重设原点"菜单命令，然后将标尺原点图标▇拖曳到页面的任意位置。改变原点的默认位置后若要还原原点，只需再次选择"重设原点"命令即可。
- 标尺的度量单位：标尺的度量单位为像素。选择"查看"→"设计视图选项"→"标尺"子菜单中的"像素"命令即可。

图 1-20 "标尺"子菜单

2. 网格

网格是 Dreamweaver CC 2019 窗口"设计"视图中对层进行绘制、定位或调整的可视化工具。

在 Dreamweaver CC 2019 主窗口中，选择"查看"→"设计视图选项"→"网格设置"→"显示网格"菜单命令(对应的快捷键为 Ctrl+Alt+G)，如图 1-21 所示，窗口的"设计"视图即可显示网格。再次选择"显示网格"命令，即可隐藏网格。

图 1-21 "网格设置"子菜单

若要使网格中的层能自动靠齐到网格，方便层的定位，可选择"靠齐到网格"命令。不论网格是否显示，靠齐功能都有效。

选择"查看"→"设计视图选项"→"网格设置"→"网格设置"菜单命令，打开如图 1-22 所示的"网格设置"对话框，即可进行网格属性的设置。

图 1-22 "网格设置"对话框

3. 辅助线

辅助线用于精确定位。选择"查看"→"设计视图选项"→"辅助线"→"显示辅助线"菜单命令,然后在左侧或上侧的标尺上拖曳鼠标即可,辅助线的旁边会显示所在的位置距左侧与上侧的距离值。"辅助线"子菜单如图 1-23 所示。

图 1-23   "辅助线"子菜单

"辅助线"命令还可进行锁定、靠齐、清除、编辑辅助线等操作。

1.5   超文本标记语言 HTML

万维网上的一个超媒体文档称为一个页面(Page)。一个网站打开后,看到的第一个页面称为主页(Homepage)或首页,主页中通常包含有指向其他相关页面或其他节点的指针(超级链接)。所谓超级链接,就是一种统一资源定位器(URL)指针,通过激活(单击)它,可使浏览器方便地获取新的网页。这也是超文本标记语言(HTML)获得广泛应用的重要原因之一。在逻辑上视为一个整体的一系列页面的有机集合称为网站(Website 或 Site)。HTML 是为网页创建和其他可在网页浏览器中看到的信息设计的一种标记语言。简单的 HTML 实例效果如图 1-24 所示。

超文本标记语言

图 1-24   简单的 HTML 实例效果

1.5.1   HTML5 概述

1. HTML5 简介

HTML5 是 Internet 中编写网页的主要标识语言。网页文件也可以称为 HTML 文件,其扩展名为.html 或.htm。HTML 文件是纯文本文件,可以使用任何能够生成 TXT 类型源文件的文本编辑器来生成，只需修改文件后缀即可。下面概括几条关于 HTML 的说法：

- HTML 是用来描述网页的一种语言。
- HTML 是超文本标记语言(HyperText Markup Language)。
- HTML 不是一种编程语言，而是一种标记语言(markup language)。
- 标记语言是一套用于标记的标签(markup tags)，HTML 使用标记标签来描述网页。

2. HTML5 标签

HTML5 标签的要点如下：

- HTML 标记标签通常被称为 HTML 标签(HTML Tag)。
- HTML 标签是由尖括号包围的关键词，如<html>。
- HTML 标签通常是成对出现的，如和。
- 标签对中的第一个标签是开始标签，第二个标签是结束标签。
- 开始和结束标签也称为开放标签和闭合标签。

1.5.2　常用 HTML5 标记

表 1-1 中的代码是最简单的网页代码文件。一份完整的网页文档通常包含两部分：头部 (head)和主体(body)。文档头部描述浏览器所需的信息，并对文档进行必要的定义；文档主体才是网页所要显示的具体信息。下面对表 1-1 中的代码进行解释：

- <!DOCTYPE>标签定义或声明文档类型，此标签必须位于 HTML 标签之前。此标签可告知浏览器文档使用哪种 HTML 或 XHTML 规范。
- <html>…</html>标签处在页面文档最外层，文档中的所有文本和 HTML 标签都包含在其中，表示该文档是以超文本标记语言(HTML)编写的。xmlns 是 xml namespaces 的缩写。
- <head>…</head>是 HTML 文档的头部标签，分别表示头部信息的开始和结尾。头部中包含的标记是页面的标题、序言、说明等内容，它本身不作为内容来显示，但影响网页显示的效果。头部中最常用的标记符是 title 标记符和 meta 标记符，其中 title 标记符用于定义网页的标题，它的内容显示在网页窗口的标题栏中，网页标题可被浏览器用作书签和收藏清单。
- meta 是元数据标签，是 HTML 语言 head 区的一个辅助性标签，用来描述网页的有关信息，可包含文档的字符编码、针对搜索引擎和更新频度的描述与关键词等多种信息。meta 标签共有两个属性，分别是 http-equiv 属性和 name 属性，不同的属性又有不同的参数值，这些不同的参数值就实现了不同的网页功能。meta 标签所在行表示设定页面使用的字符集，UTF-8 代表世界通用的语言编码。
- <title>…</title>放在<head>…</head>中，<title>称为标题标签，标签之间的文本信息(网页标题)显示在浏览器顶部的蓝色标题栏中，作为网页的主题。
- <body>…</body>标签又称为主体标签，一般不省略。标签之间的内容是网页的主体，文本、图片、音频、视频等各种网页所要显示的内容都放在这个标签内。
- <p>…</p>段落标签，HTML 的段落与段落之间有一定的间隔，效果就像连续按了两下 Enter 键，与</br>换行标签是有区别的。

除上述常用标签外，HTML 中还有<image>(图像)标签、<table>(表格)标签、<marquee>

(文字移动)标签、<a>(超链接)标签等，在后续章节中将详细介绍。

提示： HTML 标签不区分大小写，一般情况下小写。

与图 1-24 所示效果对应的 HTML 代码如表 1-1 所示。

表 1-1　HTML 基本标签示例

行　号	HTML 代码
1	<!doctype html>
2	<html>
3	<head>
4	<meta charset="utf-8">
5	<title>Dreamweaver CC 欢迎您</title>
6	</head>
7	<body>
8	<p>欢迎同学们学习 Dreamweaver CC2019，你会发现其中学习的乐趣！</p>
9	<p>Dreamweaver 中有许多标签，在后续章节将会深入介绍，耐心等待吧…</p>
10	</body>
11	</html>

表 1-1 中的关键代码解释如下。

第 1 行：<!DOCTYPE>标签定义或声明文档类型为 HTML。

第 2 行和第 11 行：<html></html>为页面起始与结束标记。

第 3 行和第 6 行：<head></head>为头部起始与结束标记。

第 4 行：表示页面字符集为 UTF-8，即世界通用的语言编码。

第 5 行：网页主题标签。

第 7 行和第 10 行：<body></body>为主体标签。

第 8 行和第 9 行：<p></p>为段落标签。

1.5.3　新增 HTML5 结构标记

HTML5 引入了大量新的块级元素帮助提升网页的语义化，语义化的意义如下。

(1) 提高代码的可读性，使代码易于维护。

(2) 利于 SEO，提高网站在有关搜索引擎内的自然排名。

(3) 在 CSS 不起作用时，不容易出现错乱。

(4) 利于屏幕阅读器、移动设备等仪器的解析，以语义的方式渲染网页。

HTML5 提供的结构元素如图 1-25 所示，它们分别定义元素的不同部分：

● <header>为文档或节规定页眉，被用作介绍性内容的容器，如标题、导航等内容都可以放进<header>标签中。一个文档中可以有多个<header>元素。

● <nav>定义导航，并非文档中所有链接都应该位于<nav>元素中。

● <main>表示页面的主要内容，可以包含<section>标签、<article>标签、<aside>标签。

- <section>定义文档中的节，是有主题的内容组，通常具有标题，如章节、页眉、页脚或文档中的其他部分。
- <article>定义文章，规定独立的自包含内容，有其自身的意义，并且可以独立于网站其他内容进行阅读，如论坛、博客文章、新闻故事、评论等。
- <aside>定义页面主区域内容之外的内容，如侧边栏。
- <footer>定义文档或页脚。页脚通常包含文档的作者、版权信息、使用条款链接、联系信息等。可以有多个<footer>元素。

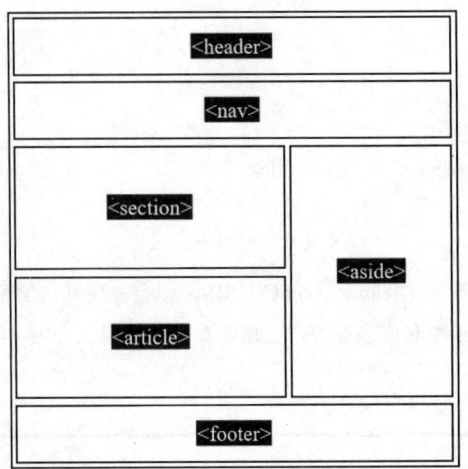

图 1-25　HTML5 提供的结构元素

HTML5 新增标记效果预览如图 1-26 所示。

此处为nav：

header | article | section | footer

此处为header：为文档规定页眉

介绍性内容的容器：

此部分可具体介绍内容

此处为article：独立的自包含内容标题

对标题内容进行介绍

此处为section：有主题的内容组，通常具有标题

对该主题进行描述

此处为aside：页面主内容之外的某些内容（比如侧栏）

侧栏具体内容

此处为footer：定义文档或节的页脚

本教材

Contact information: htdbteam@163.com

图 1-26　HTML5 新增标记效果

与图 1-26 所示效果对应的 HTML 代码如表 1-2 所示。

表 1-2　HTML5 新增结构标记示例

行　号	HTML 代码
1	<!doctype html>
2	<html>
3	<head>
4	<meta charset="utf-8">
5	<title>HTML5</title>
6	</head>
7	<body>
8	<nav>
9	<h4>此处为 nav：</h4>
10	<a href="/header/">header</a> |
11	<a href="/article/">article</a> |
12	<a href="/section/">section</a> |
13	<a href="/footer/">footer</a>
14	</nav>
15	<article>
16	<header>
17	<h4>此处为 header：为文档规定页眉</h4>
18	<p>介绍性内容的容器：</p>
19	</header>
20	<p>此部分可具体介绍内容</p>
21	</article>
22	<article>
23	<h4>此处为 article：独立的自包含内容标题</h4>
24	<p>对标题内容进行介绍</p>
25	</article>
26	<section>
27	<h4>此处为 section：有主题的内容组，通常具有标题</h4>
28	<p>对该主题进行描述</p>
29	</section>
30	<aside>
31	<h4>此处为 aside：页面主内容之外的某些内容(比如侧栏)</h4>
32	<p>侧栏具体内容</p>
33	</aside>
34	<footer>
35	<h4>此处为 footer：定义文档或节的页脚</h4>
36	<p>本教材</p>
37	<p>Contact information: <a href="mailto:htdbteam@163.com">
38	htdbteam@163.com</a></p>
39	</footer>
40	</body>
41	</html>

表 1-2 中的关键代码解释如下。

第 8～14 行：<nav>标记。

第 15～21 行、第 22～25 行：<article>标记。

第 16～19 行：<header>标记。

第 26～29 行：<section>标记。

第 30～33 行：<aside>标记。

第 34～39 行：<footer>标记。

1.6 实 例 演 示

1.6.1 实例情景——创建本地教学站点

利用 Dreamweaver CC 2019 创建本地站点 study，并创建各章文件夹和根目录下的 images 文件夹，练习站点的导出与导入。

1.6.2 实例效果

本地教学站点的效果如图 1-27 所示。

图 1-27 本地教学站点的效果

1.6.3 实现方案

1. 操作思路

安装好 Dreamweaver CC 2019，在操作界面中实现实例演示效果。

2. 操作步骤

(1) 参考 1.4.2 小节的操作，建立站点 study，站点目录为 D:\MyWebSite，并创建 images 文件夹与 index.html。

(2) 在"文件"面板中的站点名称上右击，从弹出的快捷菜单中选择"新建文件夹"命令，修改文件名为 chapter01。同理，创建 chapter02、chapter03 等。

(3) 选择"站点"→"管理站点"菜单命令，在"管理站点"对话框中选择站点名称 study，单击 按钮，在弹出的"导出站点"对话框中，文件名默认为选中的站点 study.ste，选择站点保存路径，完成站点的导出。

(4) 选择"站点"→"管理站点"菜单命令，在"管理站点"对话框中单击"导入站点"按钮，在弹出的"导入站点"对话框中选择导入的站点，即可完成站点的导入。

1.7　任 务 训 练

1.7.1　训练目的

(1) 练习站点的创建与管理。

(2) 练习 HTML 常用标签的使用。

1.7.2　训练内容

(1) 建立"个人练习"站点，并保存在目录"D:\个人练习"下，练习导出与导入站点。建立 images 文件夹，并创建 index.htm 文件。使用的"管理站点"对话框如图 1-28 所示。

图 1-28　"管理站点"对话框

(2) 在 study 站点中的 chapter01 文件夹下新建 EXE.html，熟悉 HTML 标签。效果如图 1-29 所示。

图 1-29　"文件"面板

1.8 知 识 拓 展

(1) 如何设计出点击率高的网页作品？

答：点击率高的网页作品除了需要内容吸引用户，还需要构思网页布局与色彩。网页布局常采用国字型、拐角型、标题正文型、Flash 型等。网页色彩的搭配一般体现"和谐、统一、平衡、协调"的原则，同时注意各种色彩的面积、所占比例、位置等问题，使得用户浏览网页时能获得一种视觉享受。一个页面尽量不要超过 4 种色彩。

(2) 如何规范网站文件？

答：网站文件夹，建议按照不同栏目进行存放。对各个栏目公用的资源，存放在共同的文件夹中；将图像、音乐、视频、样式表等分别存放在 images、music、video、CSS 等不同的文件夹中。

单 元 测 试

1. 在管理网站文件的过程中，可以对文件进行(   )操作。

    A. 增加   B. 删除   C. 重命名   D. 以上都可以

2. 网站的栏目实际上是(   )。

    A. 站点的主题   B. 站点的大纲索引

    C. 站点的内容   D. 站点的结构

3. 在 Dreamweaver CC 2019 中，新建空白网页的快捷键是(   )，关闭全部网页文件的快捷键是(   )。

    A. Ctrl+S   B. Ctrl+N   C. Ctrl+Shift+W   D. Ctrl+O

4. 下列文件中，属于静态网页的是(   )。

    A. index.asp   B. index.jsp   C. index.html   D. index.php

5. 设置网页标题时，在 HTML 源代码中需要使用(   )标记。

    A. <head>…</head>   B. <title>…</title>

    C. <body>…</body>   D. <table>…</table>

6. 预览网页时，使用(   )功能键。

    A. F1   B. F5   C. F8   D. F12

学 习 评 价

评价项目	评价内容	分　值	得　分
网页与网站	掌握网页与网站的基本概念	10	
网页制作	掌握网页制作基础知识及流程	10	
站点	掌握站点的创建与管理	30	
超文本标记语言	掌握超文本标记语言 HTML	40	
职业素养	能与客户交流沟通，具备网页审美与鉴别能力	10	
合　计			

第2章
认识网页基本元素

【学习目标】

- 掌握在网页中添加文本的方法
- 掌握在网页中插入图像的方法
- 掌握在网页中播放各种动画的方法
- 掌握在网页中添加音乐播放功能的方法
- 掌握在网页中添加视频播放功能的方法

网页中的基本组成元素有文字(或文本)、图像、动画、音乐和视频等。通过对文本、图像、多媒体的学习,可以学会制作图文并茂的网页,实现有图、有声音的动感网页效果。

2.1 文 本

文本是网页中常用的基本元素,利用文本可传递网页所要表达的信息。某公司招聘要求预览效果如图 2-1 所示。

网页基本元素——添加文本

某公司网站制作美工设计人员招聘要求

- 岗位职责:
  1. 处理日常商品图片,制作各种网络广告和图片,更新产品页面,设计产品页面风格,编写宝贝详情等;
  2. 编辑公司各种产品的文字介绍,按照公司指示及时发布公司的各种 信息,更新网站相关内容;
  3. 负责策划、设计网站品在重大节日的促销图片;
  4. 满足公司其他部门所提出的美工方面的需求。
- 任职要求:
  1. 计算机相关专业专科以上学历;
  2. 有网站美工经验1年以上,优秀应届毕业生可考虑;
  3. 精通PS、DW、熟悉或精通Flash者优先;
  4. 精通CSS+DIV、HTML 等Web技能;了解Javascript,了解后台 程序制作流程;
  5. 掌握CorelDRAW或者Illustrator等矢量图形编辑软件;
  6. 思维敏捷,想象力丰富、悟性好,积极主动、工作认真,
  7. 沟通协作 能力强,富有团队精神;
  8. 有较高的美术基础和审美能力;
  9. 可以独立自主地进行网站美工设计;
  10. 有网店美工设计经验者优先考虑;
  11. 应聘简历请附相关作品或链接(无作品勿扰)。

图 2-1 某公司招聘要求预览效果

2.1.1 添加文本

Dreamweaver CC 2019 提供了向文档中添加文本和设置文本格式的三种方法:直接输入文本、从其他文档中导入文本及复制粘贴文本。

1. 直接输入文本

选择"文件"→"新建"菜单命令,新建一个页面,在"设计"视图中出现一个闪烁光标,如图 2-2 所示,即为默认文本插入点,可在此处输入文字。

图 2-2 在页面中输入文本

当输入的文本长度超过了文档窗口的显示范围时，文本将自动换行。如果需要对文本进行分段以便于浏览，可通过以下两种方式进行：

- 利用 Enter 键换行，文本被分段，且上下段落之间的行距较大。
- 利用 Shift+Enter 组合键换行，上下段落之间的行距较小。

提示： ① 默认情况下只能输入一个空格，如果需要输入多个空格，可选择"编辑" →"首选项"菜单命令(对应的快捷键为 Ctrl+U)，在左边选中"常规"选项，在右边选中"允许多个连续的空格"复选框(对应的快捷键为 Ctrl+Shift+空格)。

②   的全称是 non-breaking space，即不换行空格，大小取决于文字大小(font-size)、字符间距(letter-spacing)等，就和其他字符一样，所以没有一个固定的宽度。

③   的全称是 En Space，称半角空格，其占据的宽度正好是 1/2 个中文字符宽度，而且基本上不受字体影响。

④   的全称是 Em Space，称全角空格，其占据的宽度正好是 1 个中文字符宽度，而且基本上不受字体影响。

2. 导入文本

在设计视图或者拆分视图中，将常见的 ASCII 文本文件、RTF 文本和 Word 文档的内容取出合并到网页中，可节省大量的输入时间。

例如，将 Word 文档中的全部内容添加到当前页面中，可在 Dreamweaver CC 2019 界面右侧的"文件"面板或电脑硬盘任意位置，直接将 Word 文档从当前位置拖放到当前页面的适当位置，将弹出"插入文档"对话框，如图 2-3 所示，选择插入文档的不同格式，单击"确定"按钮即可。

图 2-3 "插入文档"对话框

3. 复制粘贴文本

打开外部文件，选中并复制文本内容，然后切换到 Dreamweaver CC 2019 文档窗口，将光标移到需要粘贴内容的位置，选择"编辑"→"粘贴"菜单命令或按组合键 Ctrl+V，选中的文本就粘贴到当前光标处。或右击，在弹出的快捷菜单中选择"选择性粘贴"命令，弹出如图 2-4 所示的"选择性粘贴"对话框,可选择不同的粘贴格式。

图 2-4　"选择性粘贴"对话框

提示：文本块中文的首行缩进可在样式中用 text-indent 属性实现。

```
<p style="text-indent:2em">
```

2.1.2　设置文本属性

设置文本属性

文本属性包括标题、字体、大小、颜色、加粗和倾斜等。一般来说,标题文本设置为 12～18 磅,网页正文文本字号设置为 10～12 磅,版权声明等文本设置为 9～10 磅。在"属性"面板中有 HTML 和 CSS 两个属性,下面分别进行介绍。

1. HTML 属性

设置 HTML 属性的"属性"面板如图 2-5 所示。

图 2-5　设置 HTML 属性的"属性"面板

设置 HTML 属性的"属性"面板中各参数解释如下。

- 格式:定义了网页中文本的四种选择方式,即"无"、"段落"、h1-6、"预先格式化的"。其中,"段落"即所选择的文本会形成一个段落;h1-6 选项定义了 6 级标题,每级标题的字号大小依次递减,1 级标题字号最大,6 级标题字号最小。
- 类:在后续章节中可应用样式。
- ID(I)：表示所选文本的唯一标识 ID。
- B I：分别表示所选文本为粗体和斜体。
- 分别表示所选文本具有项目列表和编号列表的功能。
- 分别表示文本凸出和缩进。
- 链接(L)：定义所选文本可完成超链接的效果。

- ⊕：表示指向文件，按住鼠标左键不放进行拖动，可直接指向所链接的文件。
- ▢：表示在打开的对话框中可选择指向的文件。

2. CSS 属性

设置 CSS 属性的"属性"面板如图 2-6 所示。

图 2-6　设置 CSS 属性的"属性"面板

设置 CSS 属性的"属性"面板主要用于设置文本的字体、大小和颜色，也可进行文本对齐方式的设置。▤▤▤▤依次分别表示左对齐、居中对齐、右对齐和两端对齐。

3. 实例

完成图 2-1 中公司招聘要求的具体操作步骤如下。

(1) 新建网页并保存在本地站点中，命名为 mgzp.html。

(2) 在"设计"视图中输入完整的招聘要求内容。

(3) 在"设计"视图中按组合键 Ctrl+F3，单击"页面属性"按钮，在弹出的"页面属性"对话框中设置字号大小为 12 号。

(4) 选中文本"某公司网站制作美工设计人员招聘要求"，在设置 HTML 属性的"属性"面板中设置"格式"为"标题 2"；在 CSS "属性"面板中设置颜色值为"#00F"，字体加粗后，设置 CSS 属性的"属性"面板如图 2-7 所示。

图 2-7　设置标题字体 CSS 属性的"属性"面板

(5) 选中文本"岗位职责："，在设置 HTML 属性的"属性"面板的"格式"下拉列表中选择"标题 4"，并单击▤(无序列表)与▤(缩进)按钮。同理，完成"任职要求："的设置。

(6) 框选"岗位职责："的具体要求，在设置 HTML 属性的"属性"面板中单击▤(编号列表)与▤(缩进)按钮。同理，完成"任职要求："的设置。

与图 2-1 所示公司招聘要求效果图对应的 HTML 代码如表 2-1 所示，其中涉及的 CSS 样式如表 2-2 所示。

☞ **提示：**　在设置了项目(编号)列表后，可在 HTML "属性"面板中单击"列表项目"按钮进行列表类型、样式与重设计数等的设置，读者可自行操作。

表 2-1　公司招聘要求效果图对应的 HTML 代码

行　　号	HTML 代码
1	<h2 style="color: #00F; font-weight: bolder;">某公司网站制作美工设计人员招聘要求　</h2>
2	<ul>
3	<li>岗位职责：
4	<ol>
5	<li>处理日常商品图片，制作各种网络广告和图片，更新产品页面，设计产品页面风
6	格，编写宝贝详情等；</li>
7	<li>编辑公司各种产品的文字介绍，按照公司指示及时发布公司的各种　信息，更新网
8	站相关内容；</li>
9	<li>负责策划、设计网站产品在重大节日的促销图片；</li>
10	<li> 满足公司其他部门所提出的美工方面的需求。</li>
11	</ol>
12	</li>
13	<li>任职要求：
14	<ol>
15	<li> 计算机相关专业专科以上学历；</li>
16	<li>有网站美工经验 1 年以上，优秀应届毕业生可考虑；</li>
17	<li>精通 PS、DW，熟悉或精通 Flash 者优先；</li>
18	<li>精通 CSS+DIV、HTML 等 Web 技能；</li>
19	<li>了解 Javascript，了解后台 程序制作流程；</li>
20	<li> 掌握 CorelDRAW 或者 Illustrator 等矢量图形编辑软件；</li>
21	<li>思维敏捷，想象力丰富、悟性好，积极主动、工作认真，</li>
22	<li>沟通协作　能力强，富有团队精神；</li>
23	<li> 有较高的美术基础和审美能力；</li>
24	<li>可以独立自主地进行网站美工设计；
25	<li>有网店美工设计经验者优先考虑；</li>
26	<li> 应聘简历请附相关作品或链接(无作品勿扰).</li>
27	</ol>
28	</li>
29	</ul>

表 2-1 中的关键代码解释如下。

第 1 行：设置字体样式。

第 2 行和第 29 行：<ul></ul>表示列表的标签。

第 3 行和第 12、第 13 行和第 28 行、第 5 行～10 行：<li></li>表示列表的标签。

第 4 行和第 11 行、第 14 行和第 27 行：<ol></ol>表示编号列表的标签。

表 2-2　公司招聘要求效果图 CSS 代码

序　号	CSS 代码
1	<style type="text/css">
2	body,td,th {
3	font-size: 12px;
4	}
5	</style>

表 2-2 中的关键代码解释如下。

第 1 行和第 5 行：<style></style>表示定义一个样式。

第 2 行～4 行：表示在 body、td、th 中定义了一个字号大小为 12px 的样式。

2.1.3　插入特殊文本

特殊文本包括特殊符号、日期、水平线和注释等。

1. 插入特殊符号

所谓特殊符号，是指通过键盘无法直接输入的一类符号，如版权符号©、注册商标®、商标符号™等。

在打开的网页文件中将光标置于插入点，使用以下 3 种方法可以插入特殊字符：

● 选择"插入"→HTML→"字符"菜单命令，选择需要的特殊字符。

● 在"插入"面板的下拉列表中选择 HTML，单击 字符 。

● 单击标准工具栏中的 HTML→ 按钮。

如果需要的字符没有在列表中显示，则选择"其他字符"选项，弹出"插入其他字符"对话框，选择字符后插入，如图 2-8 所示。

图 2-8　"插入其他字符"对话框

2. 插入日期

在打开的网页文件中,将光标置于插入点,使用以下 3 种方法可以插入 Dreamweaver CC 2019 提供的日期对象:

● 选择"插入"→HTML→"日期"菜单命令。
● 在"插入"面板的下拉列表中选择 HTML,单击 📅 日期 。
● 单击标准工具栏中的 HTML→📅 按钮。

弹出"插入日期"对话框,如图 2-9 所示。选择下拉列表中的选项可进行星期格式、日期格式、时间格式等的设置。如果希望在每次保存文档时更新插入的日期,可选中"储存时自动更新"复选框。

图 2-9 "插入日期"对话框

3. 插入水平线

水平线主要用于分割文本段落,进行页面修饰等。在打开的网页文件中,将光标置于插入点,使用以下 3 种方法可以插入水平线:

● 选择"插入"→HTML→"水平线"菜单命令。
● 在"插入"面板的下拉列表中选择 HTML,单击 📏 水平线 。
● 单击标准工具栏中的 HTML→📏 按钮。

插入的水平线,可在"属性"面板中设置宽度、高度和对齐方式,如图 2-10 所示。

图 2-10 水平线的属性

可在"代码"视图中输入 color 属性设置水平线的颜色。例如,图 2-11 对应的代码设置了一条宽度为 700px、高为 2px、颜色为#FF0000、居中的水平线:

```
<hr align="center" width="700" size="2" color="#FF0000" />
```

图 2-11　水平线效果

4. 插入注释

注释是 HTML 的一种辅助性信息，它不会显示在 Web 浏览器窗口中，只是在编写 HTML 代码时起到辅助阅读的作用。在打开的网页文件中，将光标置于插入点，单击工具栏中的 ▣ 按钮完成注释插入。

在弹出的列表中，可根据需要选择应用注释，如图 2-12 所示。对应地在"代码"视图中会生成如下呈灰色字体显示的语句：

```
<!--添加注释内容-->
```

应用 HTML 注释
应用 /* */ 注释
应用 // 注释
应用 ' 注释
应用服务器注释

图 2-12　"注释"列表

2.1.4　文本超链接

链接又称超链接(HyperLink)，是网页之间的桥梁。使用超链接，每一个网站可由多个网页相互链接构成，网页之间能够自由地切换，它是网页制作中必不可少的元素之一。超链接通常由源端点和目标端点两部分构成。根据源端点的不同，超链接可分为文本超链接、图像超链接和表单超链接；根据目标端点的不同，超链接可分为内部超链接、外部超链接、电子邮件超链接和锚记超链接。

1. 路径

在超链接中，路径通常有以下 3 种表示方法。

1)　绝对路径

绝对路径就是被链接文档的完整 URL，包括所使用的传输协议。当创建的链接要链接到网站以外的其他某个网站的文件时，必须使用绝对路径，例如，链接到网易新闻：https://www.163.com/。

2)　文档相对路径

文档相对路径是指以当前文档所在位置为起点到被链接文档经由的路径。当创建的链接要链接到网站内部文件时，通常使用文档相对路径。与同一级文件夹内的文件链接，只写文件名即可；与下一级文件夹里的文件链接，直接写出文件夹名称和文件名即可；与上一级文件夹里的文件链接，在文件夹名和文件前加上"../"即可。

3)　站点根目录相对路径

站点根目录相对路径是指所有路径都开始于当前站点的根目录，以"/"开始，"/"表示站点根文件夹。通常只有在站点的规模非常大、文件需要复制在几个服务器上，或者是在一个服务器上放置多个站点时，才使用站点根目录相对路径。

2. 文本超链接

文本超链接是网页中最常见的超链接,当鼠标指针经过某些文本时,这些文本会出现下划线,或文本的颜色、字体会发生改变,这就意味着它是带链接的文本。使用以下 3 种方法,可创建文本超链接:

● 选择"插入"→Hyperlink 菜单命令。
● 在"插入"面板的下拉列表中选择 HTML,单击 Hyperlink。
● 单击标准工具栏中的 HTML→按钮。

选中需要创建超链接的文本,并按照以上任意一种方法操作后,弹出如图 2-13 所示的对话框。

图 2-13　Hyperlink 对话框

Hyperlink 对话框中各属性参数解释如下。

● 文本:<a></a>之间的文本,超链接的源端点,即选中的创建超级链接的文本。
● 链接(href):链接的目的 URL,可以是站点内部网址,也可以是外部网址。
● 目标(target):有 5 种方式,其中,_blank 表示在不同新窗口中打开链接;new 表示在同一新窗口中打开链接;_parent 表示在父窗体中打开链接;_self 表示在当前窗体中打开链接(默认值);_top 表示在当前窗体中打开链接,并替换当前的整个窗体(框架页)。
● 标题(title):当指针放到超链接文本上时的文本显示信息。
● 访问键:设置访问超文本的快捷键。
● Tab 键索引:用于设置超文本对象在网页中使用 Tab 键访问的顺序。

该对话框设置的超链接对应代码如下:

```
<a href="https://www.163.com" title="网易新闻" target="_blank">163</a>
```

也可在"设计"视图中选中文本,如"163",在"属性"面板的"链接"下拉列表框中输入目标 URL,在"目标"下拉列表框中选择打开方式,如图 2-14 所示。

图 2-14　设置超链接的属性

3. 锚链接

若设计的页面篇幅很长，浏览网页时需要拖动上下滚动条来查看文档。为了方便浏览，可对页面不同对象分别设置锚点和锚链接，从而快速找到待查找的信息。

设置锚点时，使用\<a name="锚记名称">\</a>。

同一页面使用锚记链接：\<a href="#锚记名称">链接元素内容\</a>。

如图 2-15 所示，新建网页 xlxs.html，输入文字，切换到"代码"视图，给项目列表"环境资源"\<a name="hjzy" >\</a>创建锚点。选中水平线上的文字"环境资源"，在设置 HTML 属性的"属性"面板的"链接"下拉列表框中输入"#锚记名称"，如"#hjzy"，最终创建的链接效果如图 2-16 所示。

图 2-15 设计视图窗口中的锚记

图 2-16 "环境资源"的链接窗口

提示： ① 如果不希望锚点在页面编辑状态显示出来，可以选择"编辑"→"首选项"菜单命令(对应的快捷键为 Ctrl+U)，在对话框左边的"分类"列表框中选择"不可见元素"选项，右边就会显示"不可见元素"选项设置界面。取消选中命名锚记图标 即可。

② 若要链接的是另一个页面中的锚记，在"链接"下拉列表框中输入"URL#锚记名称"。

4. 空链接

空链接是指没有指定目标文件的链接，这样的链接在单击时不进行任何跳转。建立空链接的目的是向页面上的对象或文本附加行为。选中指定空链接的文本，在"属性"面板的"链接"下拉列表框中输入"#"即可。

5. 电子邮件 E-mail 链接

E-mail 链接是一种特殊的链接，当浏览者单击该链接时，就能打开浏览器默认的空白通信窗口创建电子邮件，并将相关内容发到收件人邮件地址。使用以下 3 种方法，可创建电子邮件链接：

- 选择"插入"→"电子邮件链接"菜单命令。
- 在"插入"面板的下拉列表中选择 HTML，单击 电子邮件链接 。
- 单击标准工具栏中的 HTML→✉按钮。

在"设计"视图中选中文本"联系我们"，按以上任意一种方式创建电子邮件，在弹出的对话框中输入要添加的电子邮件信箱即可，如图 2-17 所示。

图 2-17　"电子邮件链接"对话框

2.2　图　　像

图像是网页中必不可少的元素之一，可起到装饰作用，如背景图像；也可起传递信息的作用，与文本的功能一致。图片展示预览效果如图 2-18 所示。

网页基本元素——图像

图 2-18　图片展示预览效果

与图 2-18 所示效果对应的代码如表 2-3 所示。

表 2-3　图片展示效果的代码

序　号	HTML 代码
1	<table width="750" border="0" cellspacing="0" cellpadding="0"　background="images/bj.jpg">
2	<tbody>
3	<tr>
4	<td height="112" colspan="2"> </td>
5	</tr>
6	<tr>
7	<td width="413" align="right"> </td>
8	<td　width="337"　align="left"><img　src="images/duck.gif"　width="155"　height="182"
9	align="middle" /></td>
10	</tr>
11	<tr>
12	<td colspan="2"><img src="images/hxc.png" width="221" height="166" lign="right" /></td>
13	</tr>
14	</tbody>
15	</table>

表 2-3 中关键代码解释如下。

第 1 行：表示表格宽度为 750，没有边框，单元格间距和边距为 0，有一张背景图片 bj.jpg。

第 3 行和第 5 行：<tr></tr>表示表格的行标记，成对出现。

第 4 行：表示跨了 2 列。

第 8~9 行：表示第 2 行有一个动图 duck.gif。

第 12 行：表示跨 2 列有一个 hxc.png。

提示：　表格布局将在第 3 章介绍，这里可先照着参考代码完成此效果。

2.2.1　图像格式

目前，在网页中最为普遍且被各种浏览器广泛支持的图像格式有 3 种：GIF、JPEG/JPG、PNG。

1. GIF 图像

GIF(Graphics Interchange Format，可交换图像格式，文件扩展名为.gif)是网页中使用最广泛、最普遍的一种图像格式。该格式采用无损压缩方法，文件小、下载速度快，但只支持 256 色以内的图像，不适用于色彩复杂的图像，常用于标题和卡通图像。GIF 支持透明背景图像，它将多幅图像保存为一个文件，从而形成动画。

2. JPEG/JPG 图像

JPEG(Joint Photographic Expert Group，联合照片专家组，文件扩展名为.jpg)是目前网页

中最受欢迎的图像格式。该格式支持 24 位真彩色,适合在需要表现细腻颜色的图像上使用,由于 JPG 格式图像具有较高的压缩率,提高了浏览器下载速度,所以被广泛应用在网页中。

3. PNG 图像

PNG(Portable Network Graphics,可移植网络图形,文件扩展名为.png)是一种新兴的网络图片格式。该格式汲取了 GIF 和 JPG 两者的优点,存储形式丰富,同时兼有它们的色彩模式。PNG 采用无损压缩方式减少文件的大小,能把图像文件压缩到极限以利于网络传输,又能保留所有与图像品质有关的信息。

2.2.2 插入图像

在文档窗口,在插入图像的光标处使用以下几种方法,将弹出"选择图像源文件"对话框,选中某个图像文件即可:

- 选择"插入"→Image 菜单命令(对应的快捷键为 Ctrl+Alt+I)。如在图 2-18 所示表格布局中第 2 行第 2 列单元格里选中 duck.gif,单击"确定"按钮。
- 在"插入"面板的下拉列表中选择 HTML 单击 Image。在图 2-18 所示表格布局中第 3 行合并后的单元格里选中 hxc.png,单击"确定"按钮。
- 单击标准工具栏中的 HTML→ 按钮。
- 在"资源"面板中单击 按钮,选中某个图像的"站点"单选按钮,展开根目录的图片文件夹,选中某个图像文件,按住鼠标左键不放拖动到工作区的合适位置。

2.2.3 设置图像属性

图像属性包括图像的名称、大小、源文件、图像的链接、图像的文本说明、图像的边距、图像边框等。新建网页文件 untitled1.html,插入图像文件 hxc.png,图像"属性"面板如图 2-19 所示。

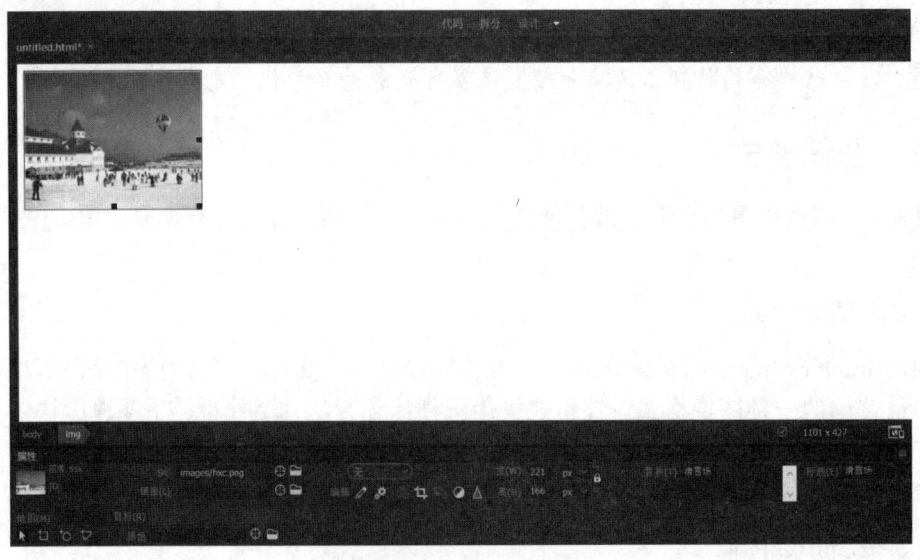

图 2-19 图像"属性"面板

图像"属性"面板部分属性的含义如下，其他属性将在图像链接时进行介绍。

- Src(源文件)：图片的路径，其后的两个图标与文本功能一致。
- 替换(alt)：图片的文字注释，当图片不能正常显示时，图片的位置将会显示"替换"下拉列表中输入的内容。
- 宽(width)、高(height)：以像素为单位指定图像的宽度与高度。
- 编辑：Dreamweaver CC 2019 中提供了基本图像编辑功能，无须使用外部图像编辑软件即可修改图像。常用功能分别是 ✐ (编辑)、⚙ (编辑图像设置)、 ▇ (从源文件更新)、 ▆ (剪裁)、 ▆ (重新取样)、 ◑ (亮度和对比度)、 ▲ (锐化)等。

设置对应的属性代码如下：

```
<img src="images/hxc.png" alt="滑雪场" width="221" height="166" />
```

2.2.4　其他图像元素

1. 鼠标经过图像命令

在浏览网页时，把鼠标移动到图片上时，这张图片可以更换成另一张图片；当鼠标移开时，图片又恢复原状。在"设计"视图中，将插入点放置在鼠标经过图像的位置，使用以下 3 种方法，完成鼠标经过图像设置：

- 选择"插入"→HTML→"鼠标经过图像"菜单命令。
- 在"插入"面板的下拉列表中选择 HTML，单击 ▆ 鼠标经过图像。
- 单击标准工具栏中的 HTML→ ▆ 按钮。

采用以上任意一种鼠标经过图像方式，都会弹出如图 2-20 所示的对话框。

图 2-20　"插入鼠标经过图像"对话框

设置好"插入鼠标经过图像"对话框后，实时视图中开始出现绿色的按钮，当鼠标移到该图片时，会变成黄色的按钮，效果如图 2-21 所示。

图 2-21　鼠标经过图像时的效果

提示： ① 事先准备的图片大小应相等，外观相似又有明显区别。

② 在"代码"视图中会出现大量的 JavaScript 代码，读者大致熟悉主要功能即可，暂不必深究。

2. 跟踪图像

跟踪图像是 Dreamweaver CC 2019 一个非常有效的功能，利用手绘或绘图软件绘制出平面设计稿作为网页设计的蓝图，在制作网页时将此作为页面的辅助背景，可以方便定位文字、图像、表格等网页元素。具体操作是在"页面属性"对话框中选择"分类"列表框中的"跟踪图像"选项，如图 2-22 所示，然后进行网页设计源图的选择与透明度的设置。

图 2-22　跟踪图像"页面属性"对话框

跟踪图像对应的代码如下：

```
<body tracingsrc="images/bj.jpg" tracingopacity="56">
```

2.2.5　图像超链接

图像超链接是指以图像作为链接的对象，以实现网页形式的丰富、页面的美化。建立图像超链接与建立文本超链接方法类似。

1. 建立图像超链接

(1) 新建网页文件 tplink.html，按组合键 Ctrl+Alt+I，选择所需要的图片文件，如插入图片文件 xlxs.png。

(2) 选中要创建链接的图像。

(3) 在"属性"面板的"链接"文本框中设置超链接的源文件，可按照以下 3 种方法操作：

● 直接在"链接"文本框中输入链接文件的地址。

● 单击"链接"文本框后的█(浏览文件)按钮，在打开的"选择文件"对话框中选择链接文件。

- 单击"链接"文本框后的 (指向文件)按钮,按住鼠标左键不放拖向站点中的目标文件,松开鼠标后,系统将自动获取目标文件路径及文件名,并显示在"链接"文本框内,如图 2-23 所示。

图 2-23　图像超链接效果

图像超链接对应的代码如下:

```
<a href="xlxs.html"><img src="images/xlxs.png" alt="西岭雪山" width="460" height="320" /></a>
```

(4) 按 F12 键就可以预览网页。当鼠标移到图像上时,鼠标指针将会变成手指形状,单击该图像,即可跳转到图像所链接的页面。

2. 制作图像映射

图像映射是指在一张图片上定义多个不同区域以链接到多个不同的链接地址上。在图像上定义的这个区域,称为热点。

(1) 创建热点区域,可使用以下两种方法:

- 选中要创建热点区域的图像 xlxs.png,在"属性"面板的"地图"文本框中输入图像映射名称"Map"。
- 选择热点工具 口 ○ ▽(矩形、圆形、多边形)中的任一种,进入热点区域绘制状态。当鼠标指针变成"+"形状时,根据需要在图像上绘制一个不规则热区,此时指定图像的热点区域显示为透明的蓝色。

(2) 调整热点区域。选中热点区域,可对其大小、位置进行适当的调整。

(3) 设置热点区域的超链接。选中热点区域,在"属性"面板中指定链接地址和链接的打开方式,如图 2-24 所示。

(4) 完成热区链接后,按 F12 键预览,将鼠标指向热点区域单击,浏览器将直接打开所链接的页面。

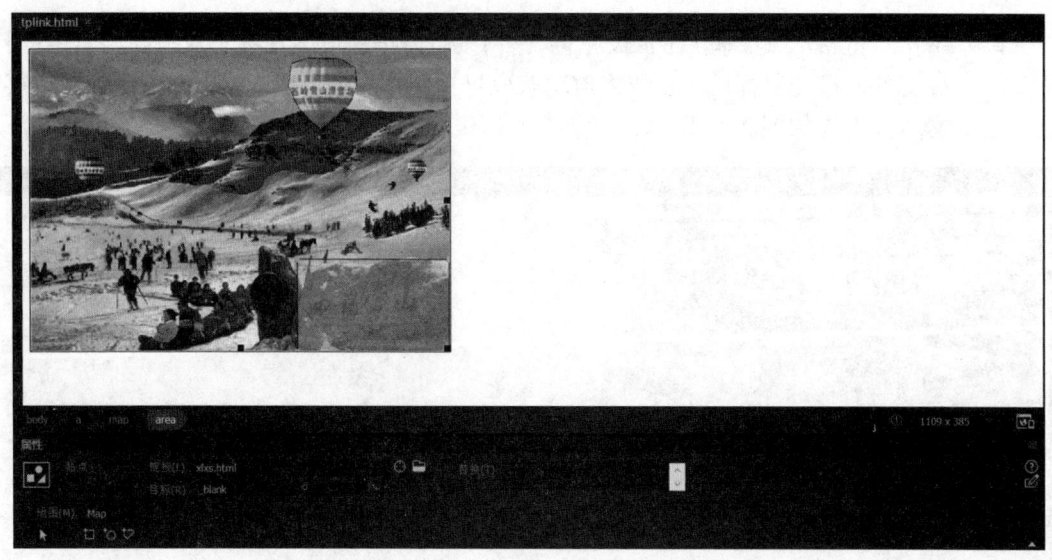

图 2-24　创建图像映射

图像映射对应的代码如下：

```
<map name="Map">
  <area shape="rect" coords="291,222,458,320" href="xlxs.html" target="_blank">
  <area shape="poly"
coords="304,10,340,11,355,20,357,39,349,58,318,85,294,63,282,39,285,16"
href="#">
</map>
```

2.3　多　媒　体

多媒体技术的发展，使网页设计者能够轻松地在页面中加入声音、动画、视频等内容，使制作的网页充满了乐趣。本节将介绍在页面中插入 Flash SWF、Flash Video 的方法。

2.3.1　插入 Flash SWF

网页中的动画主要有 GIF 动画和 Flash 动画，其中 GIF 动画在 2.2 节中已经介绍过。Flash 动画是网上最流行的动画格式，大量用于网页中，深受广大浏览者的喜爱。

1. 插入 Flash 动画

在"设计"视图中，将插入点放置在插入 Flash 动画的位置，可使用以下 3 种方法完成插入操作：

- 选择"插入"→"媒体"→SWF 菜单命令，组合键为 Ctrl+Alt+F。
- 在"插入"面板的下拉列表中选择 HTML，单击▦按钮。
- 单击标准工具栏中的 HTML→▦按钮。

采用以上任意一种方法插入 Flash 动画，都会弹出如图 2-25 所示的对话框，单击"确定"按钮后，在"设计"视图中会出现一个带字母 F 的灰色图标，如图 2-26 所示。保存后按 F12 键，可在浏览器窗口中看到如图 2-27 所示的效果。

图 2-25　"对象标签辅助功能属性"对话框

图 2-26　插入的 Flash

图 2-27　Flash 预览效果

2．动画属性设置

插入 Flash 文件后，可通过"属性"面板对其进行设置，如图 2-28 所示。

图 2-28　"属性"面板

"属性"面板中的部分参数解释如表 2-4 所示。

表 2-4　"属性"面板中的部分参数

序　号	属　性	解　释
1	循环	影片在播放一次后会连续播放，建议选中该复选框
2	自动播放	设置 Flash 文件是否在页面加载时自动播放，建议选中该复选框
3	品质	在影片播放期间控制失真。设置越高，影片的观看效果就越好，建议选择"高品质"选项
4	比例	可选择"默认(全部显示)""无边框""严格匹配"选项，建议选择第一个选项
5	Wmode	设置 Flash 文件背景变成透明与否
6	参数	可以为 Flash 文件设置一些特有的参数，如 Flash 版本等

提示： 滚动动画可使用<marquee>标签，完成文字或图片的滚动效果。

```
<marquee scrolldelay="120" direction="up">滚动文字或图像
</marquee>
```

其中的参数含义如下。

● scrolldelay：表示滚动延迟时间，默认值为 90ms。

● direction：表示设置文字或图片的滚动方向，默认为从右向左，有 up、down、left、right 4 个值可选。

2.3.2　插入 Flash Video

1．网页中常用的视频格式

这里首先介绍网页中常用的几种视频格式。

● MPEG(MPG)：压缩比率较大的活动图像和声音的视频压缩标准。

● AVI：Microsoft Windows 操作系统所使用的多媒体文件格式。

● WMV：Windows 操作系统自带的媒体播放器 Windows Media Player 所使用的多媒体文件格式。

● RM：是 Real 公司推广的一种多媒体文件格式，具有非常好的压缩比率，是网上应用最广泛的格式之一。

- MOV：是 Apple 公司推广的一种多媒体文件格式。
- FLV：是 Flash Video 的简称，FLV 流媒体格式是随着 Flash MX 发展而来的视频格式，它形成的文件极小，加载速度极快，使得网络观看视频文件成为可能。

2. 插入 Flash Video 的方法

在网页中嵌入视频的具体操作步骤如下。

(1) 在"设计"视图中，将插入点放置在插入视频的位置，可使用以下 3 种方法完成插入操作：

- 选择"插入"→HTML→Flash Video 菜单命令。
- 在"插入"面板(对应的快捷键为 Ctrl+F2)的下拉列表中选择 HTML，单击 🖼 按钮。
- 单击标准工具栏中的 HTML→ 🖼 按钮。

(2) 使用以上任意一种方式插入视频，会弹出如图 2-29 所示的对话框。单击"确定"按钮后保存，按 F12 键，可在浏览器窗口中看到如图 2-30 所示的效果。

图 2-29 "插入 FLV"对话框

图 2-30 视频文件预览效果

2.4 HTML5 中的 figure 标签

2.4.1 HTML5 中<figure>标签的基本操作

1. <figure>标签的基本含义

<figure>标签用于对元素进行组合。<figure>标签规定独立的流内容(图像、图表、照片、代码等)。内容与主内容相关，同时元素的位置相对于主内容是独立的。如果<figure>标签被删除,对文档流不产生影响。figcaption 元素用于为 figure 元素组添加标题,一个 figure 元素内最多允许使用一个 figcaption 元素,该元素应该放在 figure 元素的第一个或者最后一个子元素的位置。

2. 插入<figure>

在"设计"视图中，将插入点放置在插入位置，可使用以下 3 种方法完成插入操作:

● 选择"插入"→HTML→Figure 菜单命令。
● 在"插入"面板(组合键为 Ctrl+F2)的下拉列表中选择 HTML，单击██按钮。
● 单击标准工具栏中的 HTML→██按钮。

基本语法格式:

```
<figure>这是布局标签的内容
  <figcaption>这是布局图标签的题注</figcaption>
</figure>
```

2.4.2 HTML5 中<figure>标签的使用

使用<figure>元素，效果如图 2-31 所示。

图 2-31 使用<figure>元素预览效果

与图 2-31 所示效果对应的 HTML 代码如表 2-5 所示。

表 2-5 使用<figure>元素的 HTML 代码

行 号	HTML 代码
1	<!doctype html>
2	<html>
3	<head>
4	<meta charset="utf-8">
5	<title>figure 和 figcaption 元素的使用</title>
6	</head>
7	<body>
8	<p> 重庆龙兴足球场，位于重庆两江新区龙盛片区城市功能核心区，是重庆市
9	打造的首座专业足球场，也是中国在建的规模最大的专业足球场之一。 重庆龙兴足球场占
10	地面积约 303 亩，总建筑面积 16.69 万平方米，可容纳约 6 万人观赛，整个球场设置有竞赛
11	区、媒体和转播区、商业运营区、观众区等多个功能区，2000 余个机动车停车位以及配套用
12	房、广场、景观绿化等，功能齐全、配置专业。
13	重庆龙兴足球场以"重庆气质的足球殿堂"为设计理念规划、景观和建筑设计
14	包含汇聚、旋转、上升的流畅曲线等元素体现重庆火辣的生活方式、火红的发展势头以及火
15	热的足球激情塑造与城市气质、足球文化相呼应的独特城市地标。</p>
16	<figure>
17	<figcaption>重庆龙兴足球场</figcaption>
18	<p>提供者：两江新区传媒，提供时间：2022 年 12 月</p>
19	<img src="images/cqlxfg.png" alt="">
20	</figure>
21	</body>
22	</html>

表 2-5 的关键代码解释如下。

第 8~15 行：例子简介； 表示首段空 2 格，
表示强制换行。

第 16~20 行：<figure></figure>定义独立流内容。

第 17 行：<figcaption></figcaption>定义标题。

第 18 行：<p></p>定义段落文本。

第 19 行：<img>标记 src 定义图片来源。

2.5 实 例 演 示

2.5.1 实例情景——制作风景区网页

设计制作风景区网页，以西岭雪山为例，要求采用文本、图像、超链接等实现完成。

2.5.2 实例效果

风景区西岭雪山的网页预览效果如图 2-32 所示。

图 2-32　风景区西岭雪山网页的预览效果

2.5.3 实现方案

1. 操作思路

准备好图片素材,利用文本、图像进行图文混排。

2. 操作步骤

(1) 打开站点文件 xlxs.html。

(2) 在"设计"视图中,按组合键 Ctrl+J,在弹出的"页面属性"对话框中设置字号大小为 12 号,左右边距均为 30px。

(3) 在"设计"视图中完成网页文本的输入。

(4) 选中文字"西岭雪山",在"属性"面板中设置"格式"为"标题 1",选择"格式"→"对齐"→"居中对齐"菜单命令。

(5) 在导航栏文本"旅游信息"段落后选择"插入"→HTML→"水平线"菜单命令,

完成水平线的添加。

(6) 选中水平线下的文本"环境资源",设置"格式"为"标题 3",单击"属性"面板中的"项目列表"按钮,在"命名锚记"对话框中设置名称为 hjzy。同理,设置"著名景点",锚记名称为 zmjd;设置"命名原因"的锚记名称为 mmyy;设置"运动项目"的锚记名称为 ydxm;设置"旅游信息"的锚记名称为 lyxx。

(7) 框选"著名景点"下的各选项,单击"属性"面板中的"编号列表"按钮,再单击"缩进"按钮。同理,设置"运动项目"与"旅游信息"下的各选项。

(8) 选中水平线上的文本"环境资源",设置"格式"为"标题 2",在"属性"面板的"链接"文本框中输入#hjzy;同理依次设置文本"著名景点""命名原因""运动项目""旅游信息",并在"链接"文本框中分别输入"#zmjd""#mmyy""#ydxm""#lyxx"。

(9) 在水平线后按组合键 Ctrl+Alt+I,选择 xlxs.png 文件,并设置属性 align="right"、hspace="5"、vspace="3"。

(10) 在正文文本"运动项目"后按组合键 Ctrl+Alt+I,选择 xlxj.png,并设置属性为align="right"。

2.6 任 务 训 练

2.6.1 训练目的

(1) 练习在网页中添加文本、图像并进行图文混排。

(2) 练习在网页中添加连续动画。

(3) 练习在网页中添加背景音乐文件。

2.6.2 训练内容

(1) 利用文本与图像完成图文并茂的一封家书,并增加个人喜欢的背景音乐。完成网页的预览效果,如图 2-33 所示。

图 2-33 一封家书的预览效果

(2) 实现图片连续滚动,利用<marquee>完成多张图片连续交替滚动的效果,网页预览效果如图 2-34 所示。

图 2-34　连续图片滚动的预览效果

(3)　在线作业系统新闻公告，网页预览效果如图 2-35 所示。

- 网页设计与制作登录本平台!
- 祝贺SQL Server 数据库技术及应用成为国家级"十二五"规划教材!
- Java程序设计课程登录本平台!
- 关于2022年春季学期期末考试考风考纪问题!
- 2022年出台的考试制度!
- 2022年关于各专业的考试形式将有所变动，请各师生注意!
- 从即日起，网站浏览者可以进行在线投票!
- 数据库应用课程又上传了新内容!
- 作业系统即将投入使用!

图 2-35　在线作业系统新闻公告的预览效果

2.7　知 识 拓 展

(1)　段落和段内换行有何不同?

答：在输入文本时，按 Enter 键可以产生一个新段落，两个段落之间会自动插入一个空白行，标记是<p></p>。但使用组合键 Shift+Enter 时，只换行不分段，中间不会产生空白行，系统认为是一个段落，标记是
。在使用项目(编号)列表时，一个段落会视为一个列表。

(2)　内部链接与外部链接有何不同?

答：内部链接与外部链接是根据目标端点的不同来区分的。内部链接是使多个网页组成一个网站的一种链接形式，目标端点和源端点是同一网站内的网页文档。外部链接是指目标端点和源端点不在同一个网站内；外部链接可以实现网站之间的跳转，从而将浏览范围扩大到整个网络。

单 元 测 试

1.　在 Dreamweaver 中实现文本的换行不分段，要按组合键(　　)。

A. Shift+Enter　　　B. Alt+Enter　　　C. Enter　　　D. Shift

2. 在 Dreamweaver 中输入连续空格的方法为( )。

   A. 直接按空格键   B. 在中文全角状态下按空格键

   C. 按 Alt 加空格键   D. 按 Ctrl 加空格键

3. 在 Dreamweaver 中，下面对象中可以添加热区的是( )。

   A. 表格   B. 文本   C. 图像   D. 任何对象

4. 在拖动右下角的控制点时，可以同时改变图像的宽度和高度，但容易造成拖动的宽度与高度比例不等而失真，这时可以按住( )键进行"锁定比例"的缩放。

   A. Alt   B. Shift   C. Ctrl   D. F5

5. 以下( )内容不可以嵌入到网页中。

   A. MP3   B. Flash   C. AVI   D. DVD

6. 下列路径中，属于绝对路径的是( )。

   A. https://www.sohu.com/   B. ../webpage/02.html

   C. 02.html   D. webpage/02.html

学习评价

评价项目	评价内容	分 值	得 分
文本	掌握文本的设置及语法格式	40	
图像	掌握图像的设置及语法格式	30	
多媒体	掌握多媒体的设置及语法格式	20	
职业素养	循序渐进、举一反三及审美能力	10	
合 计			

第3章
认识表格布局

【学习目标】

● 掌握表格数据显示
● 掌握表格页面布局

网页布局是网页设计制作的重要阶段。若要创建更加合理、美观的网页效果，页面中放置何种元素，如何将这些元素进行排版，这些是必须考虑的问题。

3.1 表　　格

表格(Table)是 HTML 常用标签之一。在网页中，表格不仅能进行数据统计和数据展示，还能对页面进行布局。使用表格，能够使网页看起来更加直观和有条理。简单表格布局的预览效果如图 3-1 所示。

图 3-1　简单表格布局的预览效果

在学习表格之前，需要对表格各元素有一个认识，如图 3-2 所示。

图 3-2　3 行 3 列的表格元素

在表格中，横向为行(row)，纵向为列(column)，行列交叉部分为单元格。单元格中的内容和边框之间的距离为边距(cellpadding)，单元格与单元格之间的距离为间距(cellspacing)，表格的边线为边框(border)。

3.2　插入表格及嵌套表格

3.2.1　插入表格

在 Dreamweaver CC 2019 中创建表格的具体操作步骤如下。

插入表格及嵌套表格

(1) 将光标定位在要插入表格的位置，然后执行以下任一操作：

● 选择“插入”→Table 菜单命令(对应的快捷键为 Ctrl+Alt+T)。

● 在“插入”面板的下拉列表中选择 HTML，单击 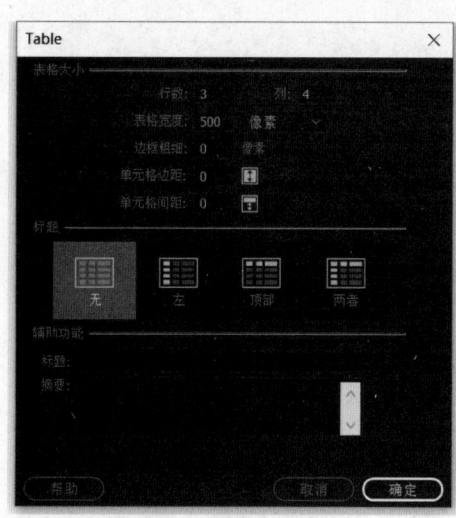 Table 按钮。

● 选择工具栏上的 HTML→ 按钮。

(2) 打开 Table 对话框，如图 3-3 所示。各属性介绍如下。

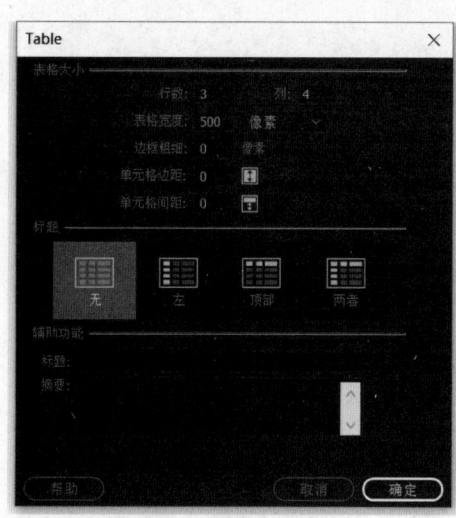

图 3-3 Table 对话框

● 行数：用于设置表格行的数目，这里输入数值 3。

● 列：用于设置表格列的数目，这里输入数值 4。

● 表格宽度：以像素或百分比为单位指定表格的宽度。这里输入数值 500，单位为像素。

● 边框粗细：指定表格边框的宽度(以像素为单位)，这里输入数值 0。

● 单元格边距：设置单元格中的对象同单元格内部边界之间的距离，这里输入数值 0。

● 单元格间距：设置相邻的表格单元格之间的距离，这里输入数值 0。

提示： ① 利用表格布局时，通常设置表格“边框粗细”“单元格边距”与“单元格间距”为 0。

② 一般地，当表格用于布局时，常选择“标题”的默认选项“无”。当用于数据统计时，才选择标题样式以及填写“标题”与“摘要”内容。

(3) 单击“确定”按钮，插入如图 3-4 所示的 3 行 4 列的表格。

图 3-4 3 行 4 列的表格

插入表格对应的 HTML 代码如表 3-1 所示。

表 3-1   3 行 4 列表格的 HTML 代码

行　号	HTML 代码
1	\<table width="500" border="0" cellpadding="0" cellspacing="0"\>
2	\<tbody\>
3	\<tr\>
4	\<td\> \</td\>
5	\<td\> \</td\>
6	\<td\> \</td\>
7	\<td\> \</td\>
8	\</tr\>
9	\<tr\>
10	\<td\> \</td\>
11	\<td\> \</td\>
12	\<td\> \</td\>
13	\<td\> \</td\>
14	\</tr\>
15	\<tr\>
16	\<td\> \</td\>
17	\<td\> \</td\>
18	\<td\> \</td\>
19	\<td\> \</td\>
20	\</tr\>
21	\</tbody\>
22	\</table\>

表 3-1 中的关键代码解释如下。

第 1 行：table 的属性宽度(width)=500，边框(border)=0，单元格间距(cellspacing)=0，单元格边距(cellpadding)=0。

第 3~8 行：\<tr\>\</tr\>表示表格中的行，\<td\>\</td\>表示单元格，此为所建表格的第 1 行。

第 9~14 行：此为所建表格的第 2 行。

第 15~20 行：此为所建表格的第 3 行。

第 22 行：\</table\>表示对应的\<table\>的结束标签。

提示：　表格用于显示数据时，常常会涉及以下两个标记。
① 　\<caption\>标记为表格标题，通常显示在表格上方。
② 　\<th\>经常用于表头的单元格，内容默认居中并以粗体显示。

3.2.2　嵌套表格

嵌套表格是指在一个表格的单元格内插入表格，具体操作步骤如下。

(1) 将光标定位在表格的一个单元格内，如将光标定位在第 1 行第 1 列单元格中。

(2) 执行插入表格的操作，即可在表格内嵌套表格，如嵌套一个 1 行 3 列的表格，如图 3-5 所示，相应的 HTML 代码如表 3-2 所示。

图 3-5　嵌套表格

表 3-2　嵌套表格的 HTML 代码

行　号	HTML 代码
1	<tr>
2	<td><table width="100%" border="0" cellspacing="0" cellpadding="0">
3	<tbody>
4	<tr>
5	<td> </td>
6	<td> </td>
7	<td> </td>
8	</tr>
9	</tbody>
10	</table></td>
11	<td> </td>
12	<td> </td>
13	<td> </td>
14	</tr>

表 3-2 中的关键代码解释如下。

第 2 行：<td>单元格中嵌套一表格，width(宽度)为该单元格保持一致，边框(border)=0，单元格间距(cellspacing)=0，单元格边距(cellpadding)=0。

第 4～8 行：<tr></tr>表示嵌套单元格的 1 行 3 列。

第 10 行：</table>为嵌套表格的结束标签。

一般嵌套的表格宽度设置单位为百分比，数值为 100，意为与所在单元格宽度保持一致。

3.3　设置表格和单元格属性

设置表格和单元格属性

3.3.1　表格属性

表格被选中之后，可以利用表格“属性”面板来设置和修改表格的属性，如图 3-6 所示。

表格的“属性”面板中的主要参数解释如下。

- 表格 ID：设置表格的名称。
- 行(R)：表格中行的数目。

图 3-6　表格的"属性"面板

- 列(C)：表格中列的数目。
- 宽(W)：显示表格的宽度，有像素与百分比两种单位，可以直接输入数值来更改表格的宽度，或输入不超过 100 的百分比来控制表格宽度。
- CellPad(单元格内部的空间)：用于设置单元格中的元素距离边线的距离。
- CellSpace(单元格之间的空间)：定义相邻单元格之间的距离。
- Align(对齐)：设置整个表格在浏览器中水平方向的对齐方式。
- Border(边框)：设置表格边框的宽度(单位为像素)。
- ：清除列宽。
- ：清除行高。
- ：将表格宽度转换成像素。
- ：将表格宽度转换成百分比。

3.3.2　单元格属性

单元格被选中或光标定位在单元格中时，可以利用单元格"属性"面板来设置或修改单元格的属性，如图 3-7 所示。

图 3-7　单元格的"属性"面板

单元格的"属性"面板中，主要参数解释如下。
- 水平：设置单元格内元素的水平对齐方式，有 4 种，默认为左对齐。
- 垂直：设置单元格内元素的垂直对齐方式，有 4 种，默认为居中。
- 宽和高：设置单元格的宽度和高度。
- 背景颜色：设定单元格的背景颜色。
- ：拆分单元格为行或列。
- ：合并所选单元格，将选择的多个连续的矩形区域的单元格进行合并。

3.4　选择单元格、行或列及表格

3.4.1　选择单元格

(1) 选择单个单元格，可执行以下任一操作：
- 单击单元格，然后在文档窗口左下角的标签选择器中单击 <td>标签。
- 在单元格内双击，则可选择该单元格。

选择单元格、行或列
及表格

- 将光标定位在单元格内，按组合键 Ctrl+A。

(2) 选择连续的多个单元格，可执行以下任一操作：

- 单击第一个单元格，按住 Shift 键的同时单击另一个单元格，则两个单元格之间的行列所形成的矩形区域内的所有单元格均被选中。
- 在一个单元格中单击并拖动到其他单元格，然后松开鼠标，则鼠标经过区域的单元格被选中。

提示：　①　按住 Ctrl 键的同时单击单元格，则可选择不相邻的多个单元格。
　　　　　②　网页中的 Ctrl、Shift 功能键的作用与操作系统文件功能是一致的。

3.4.2　选择行或列

选择单行或单列的操作步骤如下。

(1) 将鼠标指针指向行的左边线或列的上边线，鼠标指针变为 ➡ 或 ⬇ 。

(2) 单击即可选择鼠标指针指向的行或列。

另外，可同时按住 Ctrl 键，选择不连续的多行或多列。按下鼠标左键不放拖动到结束位置松开鼠标，可选择连续的多行或多列。

选择行时，还可单击任一单元格，然后在文档窗口左下角的标签选择器中单击对应<td>左侧的<tr>标签。

3.4.3　选择整个表格

执行以下任一操作，即可选择整个表格：

- 单击表格外框线。
- 将光标定位在表格内，选择"编辑"→"表格"→"选择表格"菜单命令。
- 将光标定位在表格内，单击文档窗口左下角标签选择器中的标签<table>。

选中后的表格的下边线和右边线出现控制点，如图 3-8 所示。

图 3-8　选中后的表格

3.5　表格的基本操作

表格的基本操作

3.5.1　调整表格的宽度

调整表格宽度的操作步骤如下。

(1) 选择整个表格，在表格的边线上出现 3 个黑色控制点，如图 3-8 所示。

(2) 执行以下任一操作即可调整表格大小：

- 在表格的"属性"面板中重新设置"宽度"值,从而改变表格的大小。
- 用鼠标拖动控制点可改变表格的大小。拖动右侧的控制点可水平方向改变表格的大小;拖动底部的控制点可在垂直方向改变表格的大小;拖动右下角的控制点可沿对角线方向改变表格的大小。

3.5.2 调整行高和列宽

调整行高和列宽的操作步骤如下。

(1) 将鼠标指针移到要调整行高或列宽的边框上,鼠标指针会变为上下或左右箭头的形状。

(2) 拖动鼠标即可调整行高或列宽。

3.5.3 拆分或合并单元格

1. 拆分单元格

拆分单元格是将一个单元格分成两个或多个单元格。拆分单元格的操作步骤如下。

(1) 将光标定位在要拆分的单元格中。

(2) 执行以下任一操作:

- 在"属性"面板中单击"拆分单元格"按钮 。
- 选择"编辑"→"表格"→"拆分单元格"菜单命令(对应的快捷键为 Ctrl+Alt+Shift+T)。

(3) 打开"拆分单元格"对话框,如图 3-9 所示。

图 3-9 "拆分单元格"对话框

(4) 在对话框中选择拆分为行还是列,并设置拆分的行数或列数。

(5) 单击"确定"按钮,单元格被拆分。

2. 合并单元格

合并单元格是将所选的矩形范围内的单元格、行或列合并为一个单元格。合并单元格的操作步骤如下。

(1) 选择需要合并的两个或多个连续的矩形范围内的单元格。

(2) 执行以下任一操作,即可合并单元格。

- 在"属性"面板中单击"合并单元格"按钮 。
- 选择"编辑"→"表格"→"合并单元格"菜单命令(对应的快捷键为 Ctrl+Alt+M)。

3.5.4　插入和删除行或列

1. 插入单行或单列

在所选的单行、列或单元格的上面及左侧插入单行或单列，操作步骤如下。

(1) 选择行、列或单元格。

(2) 选择"编辑"→"表格"→"插入行"菜单命令(对应的快捷键为 Ctrl+M)，在所选行的上面添加一行。选择"编辑"→"表格"→"插入列"菜单命令(对应的快捷键为 Ctrl+Shift+A)，在所选列的左侧添加一列。

2. 插入多行或多列

插入多行或多列的操作步骤如下。

(1) 选择行、列或单元格。

(2) 选择"编辑"→"表格"→"插入行或列"菜单命令，打开"插入行或列"对话框，在其中进行设置即可，如图 3-10 所示。

图 3-10　"插入行或列"对话框

3. 删除行或列

在表格中删除行或列的操作步骤如下。

(1) 选择要删除的行或列。

(2) 选择 "编辑"→"表格"→"删除行"菜单命令(对应的快捷键为 Ctrl+Shift+M)或选择"编辑"→"表格"→"删除列"菜单命令(对应的快捷键为 Ctrl+Shift+ -)。

3.6　表格布局实例

创建如图 3-1 所示的建筑资讯网页的操作步骤如下。

(1) 在本地站点中创建文件夹 chapter03\建筑资讯网页\images，并将 dh.jpg 与 show.jpg 文件复制到其中，同时新建 index.html 文件，如图 3-11 所示。

图 3-11　"文件"面板的效果

(2) 双击打开 index.html 文件，在"设计"视图中按组合键 Ctrl+Alt+T 插入表格，表格宽度为 800 像素，2 行 1 列，其他属性设置为 0，对齐设置为"居中对齐"，如图 3-12 所示。

(3) 单击第 1 行第 1 列，按组合键 Ctrl+Alt+I，在站点根目录下的"chapter03\建筑资讯网页\images"中找到 dh.jpg 文件，单击"确定"按钮。

图 3-12　表格"属性"面板

(4) 单击第 2 行第 1 列，在"文件"面板的"chapter03\建筑资讯网页\images"中找到 show.png，按住鼠标左键将该图片拖动到该单元格中。

(5) 选中 show.jpg 所在的单元格，设置水平对齐方式为"居中对齐"。

(6) 在该单元格里设置背景颜色，在弹出的调色板中用吸管工具在 show.jpg 图片灰色背景上单击鼠标左键即可，如图 3-13 所示。

图 3-13　第 2 行第 1 列单元格的"属性"面板

建筑资讯网页对应的 HTML 代码如表 3-3 所示。

表 3-3　建筑资讯网页代码

行　号	HTML 代码
1	`<table width="800" border="0" align="center" cellpadding="0" cellspacing="0">`
2	`<tbody>`
3	`<tr>`
4	`<td><img src="images/dh.jpg" width="800" height="130" alt=""/></td>`
5	`</tr>`
6	`<tr>`
7	`<td align="center" bgcolor="#8A97A0"><img src="images/show.png" width="697"`
8	`height="517" alt=""/></td>`
9	`</tr>`
10	`</tbody>`
11	`</table>`

表 3-3 的关键代码解释如下。

第 1～2 行：表格宽度为 800，水平居中，边框、边距、间距均为 0。

第 4 行：单元格中的内容为图片 dh.jpg。

第 7 行：单元格水平居中(center)，设置背景色(bgcolor)为"#8A97A0"。

3.7　实　例　演　示

3.7.1　实例情景——制作中国节日——教师节主页

设计制作中国节日——教师节主页，要求采用文本、图像、表格布局等来实现。

3.7.2　实例效果

中国节日——教师节主页网页预览效果如图 3-14 所示。

图 3-14　中国节日——教师节主页网页预览效果

3.7.3　实现方案

1. 操作思路

准备好图片素材，利用文本、图像、表格布局完成效果。

2. 操作步骤

(1)　在本地站点中创建文件夹 chapter03\教师节\images，并将 banner.png 文件复制其中，同时新建 TeachersDay.html 文件。

(2)　双击 TeachersDay.html 文件，在"设计"视图里按组合键 Ctrl+F3，在弹出的"属性"面板中单击"页面属性"按钮，设置字号大小为 12px，上边距和左、右边距为 0。对应的网页代码见表 3-4。

(3)　在"设计"视图中，按组合键 Ctrl+Alt+T 插入表格，表格宽度为 100%，3 行 1 列，其他属性设置为 0，对齐设置为"居中对齐"，如图 3-15 所示。

```
<table width="100%" border="0" align="center" cellpadding="0" cellspacing="0">
```

表 3-4　教师节属性设置网页代码

行　号	HTML 代码
1	`<style type="text/css">`
2	`body,td,th {`
3	`    font-size: 12px;`
4	`}`
5	`body {`
6	`    margin-left: 0px;`
7	`    margin-top: 0px;`
8	`    margin-right: 0px;`
9	`}`
10	`</style>`

图 3-15　表格的"属性"面板

（4）在第 1 行，按组合键 Ctrl+Alt+T 插入表格，表格宽度为 80%，1 行 11 列，其他属性设置为 0，对齐设置为"居中对齐"。

```
<table width="80%" border="0" align="center" cellpadding="0" cellspacing="0">
```

（5）在第 1 行表格的第 1 个单元格里输入"元旦节"，按组合键 Ctrl+F3，在"属性"面板中单击 CSS，字号大小设置成 16；以此类推，完成其他单元格的节日输入。可对教师节进行加粗与颜色的设置，如图 3-16 所示。

图 3-16　字体属性的设置

```
<td style="font-size: 16px; color: #2869CF; font-weight: bolder;">教师节</td>
```

（6）单击第 2 行第 1 列，在"文件"面板的"chapter03\教师节\images"中找到 banner.png，按住鼠标左键将该图片拖动到该单元格中，如图 3-17 所示。

图 3-17　插入图片后的表格效果

68

(7)　在第 3 行单元格中，按组合键 Ctrl+F3，设置单元格居中对齐，背景颜色为#434040，如图 3-18 所示。

图 3-18　单元格设置

```
<td align="center"  bgcolor="#434040"> </td>
```

(8)　在第 3 行单元格中，按组合键 Ctrl+Alt+T 插入表格，表格宽度为 80%，1 行 4 列，其他属性设置为 0，对齐设置为"居中对齐"。

```
<table width="80%" border="0" align="center" cellpadding="0" cellspacing="0">
```

(9)　在第 3 行表格的第 1 个单元格中输入"教书育人楷模"，在"属性"面板中单击 HTML，设置格式为标题 1。在 CSS 中，设置水平居中对齐；字体大小为 12、bolder，字体颜色为#FFFFFF，如图 3-19 所示。

图 3-19　输入文本样式设置

```
<td align="center"><h1 style="color: #FFFFFF">教书育人楷模</h1></td>
```

(10) 同理，完成第 3 行表格第 2~4 单元格的输入与设置，如图 3-20 所示。

教书育人楷模	教学名师	特岗教师	优秀教师

图 3-20　单元格文字预览效果

(11) 转到"代码"视图，中国节——教师节主网页 body 部分的最后代码如表 3-5 所示，完成最终效果。

表 3-5　教师节主网页代码

行　号	HTML 代码
1	\<table width="100%" border="0" align="center" cellpadding="0" cellspacing="0">
2	\<tbody>
3	\<tr>
4	\<td align="center">\<table width="80%" border="0" cellspacing="0" cellpadding="0">
5	\<tbody>
6	\<tr>
7	\<td style="font-size: 16px;">元旦节\</td>
8	\<td style="font-size: 16px">春节\</td>
9	\<td style="font-size: 16px">元宵节\</td>

续表

行 号	HTML 代码
10	<td style="font-size: 16px">清明节</td>
11	<td style="font-size: 16px">劳动节</td>
12	<td style="font-size: 16px">儿童节</td>
13	<td style="font-size: 16px">端午节</td>
14	<td style="font-size: 16px">中秋节</td>
15	<td style="font-size: 16px; color: #2869CF; font-weight: bolder;">教师节</td>
16	<td style="font-size: 16px">国庆节</td>
17	<td style="font-size: 16px">重阳节</td>
18	</tr>
19	</tbody>
20	</table></td>
21	</tr>
22	<tr>
23	<td align="center" ><img src="banner.png" width="1920" height="650" alt=""/></td>
24	</tr>
25	<tr>
26	<td align="center" bgcolor="#434040"><table width="80%" border="0" align=
27	"center" cellpadding="0" cellspacing="0" >
28	<tbody>
29	<tr>
30	<td align="center"><h1 style="color: #FFFFFF">教书育人楷模</h1></td>
31	<td align="center"><h1 style="color: #FFFFFF">教学名师</h1></td>
32	<td align="center"><h1 style="color: #FFFFFF">特岗教师</h1></td>
33	<td align="center"><h1 style="color: #FFFFFF">优秀教师</h1></td>
34	</tr>
35	</tbody>
36	</table></td>
37	</tr>
38	</tbody>
39	</table>

表 3-5 中的关键代码解释如下。

第 1~2 行：页面主表格布局，宽度为 100%，随屏幕大小而变化，边框、边距、间距为 0。

第 4~5 行：嵌套表格，宽度为 80%，1 行 11 列，边框、边距、间距为 0。

第 7~17 行：嵌套表格中添加文字并设置字号为 16px，其中，第 15 行还设置了字体颜色与加粗。

第 23 行：放入图片，并设置为居中。

第 26~27 行：嵌套表格，宽度为 80%，1 行 4 列，边框、边距、间距为 0。

第 30~33 行：输入文字，并进行居中与字体颜色的设置。

3.8　任务训练

3.8.1　训练目的

(1) 练习表格的数据存储。

(2) 练习表格的排版。

3.8.2　训练内容

(1) 利用表格存储数据展示数据的基本功能，利用表格的基本操作实现个人课表，如图 3-21 所示。

时间	节次	周一	周二	周三	周四	周五
上午	1-2					
	3-4		网页设计与制作 8-9 C9410	网页设计与制作 9-16 C9310	网页设计与制作 9-16 C9310	
中午	5-6					
下午	7-8	网页设计与制作 8-9 C9410		网页设计与制作 9-16 C9310	网页设计与制作 9-16 C9310	
	9-10					

2022—2023（二）***老师课表

图 3-21　表格数据展示效果

(2) 用表格完成西岭雪山风景区的布局，如图 3-22 所示。

图 3-22　西岭雪山的表格布局

图 3-22　西岭雪山的表格布局(续)

3.9　知识拓展

(1)　嵌套表格有哪些需要注意的问题？

答：嵌套表格一般深度不超过 3 层，因嵌套的层数越多，浏览器解析的速度就越慢，降低了页面下载速度；嵌套表格一般使用百分比，其父表格的宽度和高度一般使用像素值，这样可保持在不同分辨率下的外观结构。

(2)　Dreamweaver 表格布局如何消除分辨率的差异？

答：不少读者用的分辨率是 1280×1024 或 1920×1080，为让网页兼容性更好，把表格的宽度设为 100%，即可解决这个问题。

单 元 测 试

1.　在表格的最后一个单元格中按(　　)键会自动在表格中另外添加一行。

　　A. Tab　　　　　　B. Ctrl+Tab　　　　C. Shift+Tab　　　D. Alt+Tab

2.　如果将单个单元格的背景颜色设置为蓝色，然后将整个表格的背景颜色设置为黄色，则单元格的背景颜色为(　　)。

　　A. 蓝色　　　　　B. 黄色　　　　　C. 绿色　　　　　D. 红色

3.　要想一次选择整个列，可在标签检查器中选择(　　)标签。

　　A. table　　　　　B. tr　　　　　C. td　　　　　D. th

4.　设置列的宽度为 100，则(　　)标签的属性被修改。

　　A. table　　　　　B. tr　　　　　C. td　　　　　D. th

5.　在 Dreamweaver CC 中，制作表格的细线效果时，要将单元格的(　　)设置为 1。

　　A. 背景颜色　　B. 背景图像　　　C. 间距　　　D. 宽度

学 习 评 价

评价项目	评价内容	分　值	得　分
表格概念	掌握表格的基本概念	10	
表格操作	掌握表格的基本操作	30	
表格布局	掌握表格布局的方法	50	
职业素养	严谨细致、举一反三	10	
合　计			

第4章
认识 Div+CSS 布局

【学习目标】

● 能够在网页中插入 Div 装载各种页面内容

● 能够使用 CSS 样式控制 Div 的位置、大小及样式

● 能够灵活运用 Div+CSS 技术进行简单页面的综合布局

Div 标签作为页面元素的主要内容,可容纳所有子 Div 标签、文字和图像等内容。CSS 是层叠样式表,和 Div 两者搭配,能够准确定位页面元素的排版位置,创建布局合理、美观的网页。

4.1　Div 概述

网页中插入 Div

Web 标准(即网站标准)是由万维网联盟(W3C)制定的,目前通常所说的 Web 标准,一般指网站建设采用基于 XHTML 的网站设计语言,Web 标准中典型的应用模式是 Div+CSS。Div+CSS 是一种网页的布局方法,Div 是层,CSS 是样式。这种网页布局方法有别于传统的 HTML 网页设计语言中的表格(Table)定位方式,可实现页面内容与表现分离。

4.1.1　什么是 Div

Div,全称是 Division,即为划分,是层叠样式表中的定位技术,也可称其为层,在网页中使用<div>标签来实现这种划分。<div>标签是用来为 HTML 文档内大块的内容提供结构和背景的元素,在网页中使用<div>标签可定义文档中的分区或节,也就是可以把文档分割为独立的多个部分。

一般来说,一个页面从内容或者功能上,通常可以划分为几个部分,如网站的 Logo 部分(标志和站点名称)、站点导航(主菜单)、主页面内容、页脚(版权和有关法律声明)等。在设计时,首先可以使用 Div 元素将内容区域进行划分,不同的内容区域放置到不同的 Div 层里,也就是完成页面内容的装载过程;然后再使用 CSS 样式控制每个 Div 层的位置和样式,也就是完成布局和样式定义,换言之,Div 层是页面布局的基础和前提。

目前,在网页设计过程中,进行页面定位布局主要有两种技术,一种是比较传统的表格定位技术,另一种是使用 Div+CSS 技术进行页面排版布局。现在越来越多的专业人士更趋向于使用 Div+CSS 进行页面布局,而表格仅仅在展示数据内容时使用。但作为初学者,表格布局比较容易上手。

图 4-1 中的页面是一个在线作业系统的首页,通过对页面内容和功能的分析,可将其分成几个区域,如图 4-2 所示。

图 4-1　在线作业系统首页

图 4-2 在线作业系统首页的结构

提示：本章中所有页面的测试及展示的页面效果都是在 Internet Explorer 7.0 下测试通过，并尽可能做到与常用浏览器兼容，但是并没有测试所有浏览器的兼容性。若遇到个别浏览器的兼容问题，请自行查阅相关文档。

为了方便读者与前面所学知识衔接，本例中先以表格定位技术来实现图 4-2 中页面结构的搭建，其核心代码如表 4-1 所示，关于代码的理解可参考前面章节。

表 4-1 表格布局源代码

行　号	HTML 代码
1	`<table width="778" border="0" align="center">`
2	`<tbody>`
3	`<tr><td height="111" colspan="3">logo 区域</td></tr>`
4	`<tr>`
5	`<td width="224"  height="300">`
6	`<table border="0"  width="100%" height="100%">`
7	`<tr height="140"><td height="140">登录区域</td></tr>`
8	`<tr height="160"><td height="160">投票区域</td></tr>`
9	`</table>`
10	`</td>`
11	`<td width="554" height="300">`
12	`<table width="100%" height="100%" border="0" >`

续表

行　号	HTML 代码
13	`<tr height="25"><td height="25">公告区域</td></tr>`
14	`<tr height="275"><td height="275">新闻区域</td></tr>`
15	`</table>`
16	`</td>`
17	`<tr>`
18	`<td colspan="2" height="40">版权区域</td>`
19	`</tr>`
20	`</tobdy>`
21	`</table>`

　　该例中的页面结构搭建，除了可以使用表格定位技术外，也可以使用 Div+CSS 布局技术达到同样的定位效果，但是两者使用的方法截然不同。在后面小节中，会详细讲解 Div+CSS 布局的相关知识，以及该案例在 Div+CSS 设计模式下的完整实现过程。

提示： 由于使用表格只是为了布局，并不显示，所以所有<table>标签的 border 属性均设为 0，目的是隐藏表格自带的边框。若想看表格布局的具体轮廓，在包含几个"区域"的<td>标签中加上 style="border: 1px solid #000000"这段源代码即可。

4.1.2　在网页中插入 Div

　　使用 Div+CSS 进行页面定位布局的第一步，就是在网页中插入所需数量的 Div 层，用来装载页面的各个部分。插入的方法主要有以下两种。

1. 使用工具栏/菜单插入

　　(1) 选择"插入"→Div(D)菜单命令，或者在"插入"面板中的 HTML 选项卡中单击 ⟨⟩ 按钮，如图 4-3 所示。

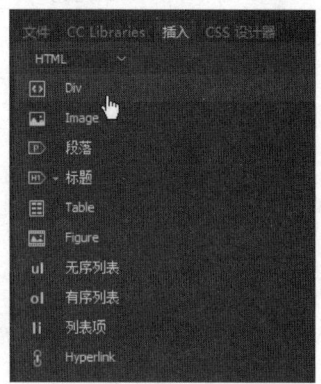

图 4-3　HTML 选项卡

　　(2) 在弹出的"插入 Div"对话框中，输入该 Div 层的类名称和 ID 名称，单击"确定"

按钮，即可完成 Div 新层的插入，如图 4-4(a)所示。

(a)   (b)

图 4-4   "插入 Div"对话框

对话框中的选项功能如下。

- 插入：可以选择新建层的位置，有 3 个选项。
    - 在插入点：使用该方式，需要先将插入点设置到想要放置该层的位置，然后再进行插入层操作。
    - 在开始标签之后：选择该方式后，会打开标签下拉列表，如图 4-4(b)所示，选择其中一个标签后，新建层会放置在所选标签的开始标签之后。
    - 在结束标签之前：使用方法同上，但是新建层会放置在所选标签的结束标签之前。
- Class：用于设置新建层的所属类型的名称，即设置标签的类，用于指定元素属于何种样式的类，便于在 CSS 样式表中使用。多个元素可以使用同一个类，也就是不同元素的类名称可以相同。
- ID：用于设置新建层的唯一标识名称，便于在 CSS 样式表中使用。网页中不同元素的 ID 名称不能重名。

不必为每一个<div>都同时加上类名称和 ID 名称，一般只应用其中一种。这两者的主要差异是：类名称用于一组类似的元素，而 ID 名称用于标识单独的唯一的元素；如果一个<div>里面既要应用某一类样式，又要定义自己独特的样式，则可以为该层同时加上类名称和 ID 名称。

2. 使用代码插入

Div 层是用标签<div></div>来定义的，其语法格式如下：

```
<div id="id 名称" class="类名称">内容</div>
```

例如，新建两个层，ID 名称分别为 id1 和 id2，类名称均为 class1，代码如下：

```
<div id="id1"  class="class1">层 1</div>
<div id="id2"  class="class1">层 2</div>
```

Dreamweaver 设计视图的预览效果如图 4-5(a)所示，IE 浏览器窗口中的预览效果如图 4-5(b)所示。

Div 层是一个块级元素，换行是其默认的唯一的外在格式表现，除此之外，其他的样式都要依靠 CSS 样式表来控制。如果单独使用 Div 而不加任何 CSS，那么它在网页中的效果与使用<p></p>是一样的。本例中没有任何 CSS 样式控制，所以只能看到两个层之间的换行和层中的内容，再无其他样式。

(a)

(b)

图 4-5　新建 Div 层的预览效果

4.1.3　Div 的嵌套

　　Div 层在网页中属于容器对象，里面可以放置其他对象，如常见的网页元素文本、图片、表单等；也可以放置其他的容器对象，如表格、Div 层等。Div 的嵌套是指在一个 Div 层里面放置一个或多个 Div 层，这与表格嵌套类似。熟练使用 Div 的嵌套，可以方便实现表格单元格想要实现的效果，如一个 3 行 2 列的表格，只需要在一个 Div 内部嵌套 6 个 Div 即可。此外，Div 层可以实现多重嵌套，其内部可以多级嵌套多个 Div。

　　Div 嵌套的主要目的，是搭建复杂页面。图 4-1 中的在线作业系统页面，从整体结构上，可以划分为上、中、下的垂直结构，对应页面的头部、中部和底部，分别放在 3 个 Div 层中，ID 名称依次命名为 top、main、bottom，如图 4-6 所示。

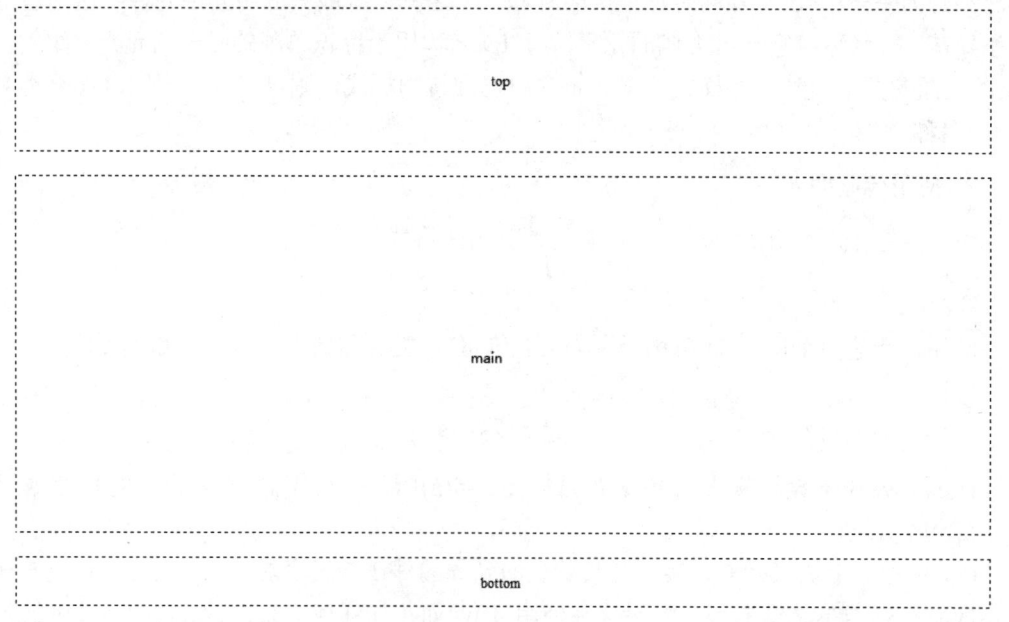

图 4-6　垂直结构划分

在 main 中，由于页面内容的需要，可以把 main 划分成左右两个部分，分别放置在两个层中，ID 名称分别为 left 和 right，如图 4-7 所示。由于 left 和 right 两个层位于 main 的内部，这样就形成了 Div 的嵌套。

图 4-7　Div 嵌套布局

4.2　CSS 概述

Web 标准简而言之就是将页面的结构、表现和行为各自独立实现，其中表现部分的实现就由 CSS 承担。

4.2.1　什么是 CSS

CSS，全称是 Cascading Style Sheets，意为层叠样式表，是一种用来表现 HTML 或 XML 等文件样式的计算机语言，是能够真正实现网页表现与内容分离的一种样式设计语言。相对于传统 HTML，CSS 能够对网页中对象的位置进行像素级的精确控制，支持几乎所有的字体、字号样式，拥有对网页对象和模型样式编辑的能力，并能够进行初步交互设计。

CSS 是由 W3C 的 CSS 工作组制定和维护的，是一种标记语言，它不需要编译，可以直接由浏览器解释执行，属于浏览器解释型语言。CSS 文件本质上是一个文本文件，使用.CSS 为文件名后缀。CSS 是描述标记语言(如 HTML)文档外观的一种语言，利用 CSS 可以控制文本的颜色、字体的样式、段落的间距、分栏的大小和布局、背景的图像或颜色以及其他各种视觉效果，负责网页内容的表现部分。

通过使用 CSS 表现 Web 文档，可以大大减少编写单个文档乃至整个网站所花费的时间。相比只使用 HTML 的样式设置机制，CSS 实现的功能更加多样。CSS 的优点主要表现在以

下几个方面:

- 简化了网页的格式代码,加快了下载速度。实现同一个页面视觉效果,采用 Div+CSS 重构的页面大小要比 Table 编码的页面文件小得多,因此使用 CSS 的 Web 文档占用的带宽会比较少。另外,浏览器还支持缓存特性,即只需下载一次 CSS 文件或其他 Web 文档,只在网站更新后才会再次向 Web 服务器请求该文件,从而进一步增强了网站性能。
- HTML 和 CSS 相互独立。将设计部分剥离出来,放在一个独立的样式文件中,HTML 文件中只存放文本信息。这样的页面对搜索引擎更加友好。此外,文档的结构和表现分离,可以让设计人员独立于 HTML 编写 CSS。
- 易于维护和改版。通过简单更改 CSS 文件,就可以改变网页的整体表现形式,改变整个站点的风格特色。这在修改页面数量庞大的站点时显得格外有用,避免了一个一个网页地修改,大大减少了重复劳动。

总之,与仅仅使用 HTML 相比,使用层叠样式表的这些功能,可以简化网站的规划、制作及维护。通过使用 CSS 表现 Web 文档,可以大量减少网站规划和开发的时间,而且更加符合现在的 W3C 国际标准。

4.2.2 创建 CSS 样式

创建 CSS 样式

1. CSS 样式的定义

CSS 样式可以通过以下两种方式定义。

1) 使用代码

CSS 使用代码定义时由 3 个部分构成:选择器(selector)、属性名称(property)和属性的取值(value)。语法结构如下:

```
selector {property: value;…}
```

说明如下。

- selector:选择器,可以是多种形式,一般是要定义样式元素的标签名称、ID 名称或者类名称。
- property:属性。如果需要对一个选择器设定多个属性,要使用分号,将所有的属性和值分开。
- value:取值,如果有多个值,用空格分开。

☞ 提示: CSS 样式不区分大小写,推荐使用小写。

例如:

```
body {color: black}
```

以上代码设置整个页面的前景色为黑色。其中,body 为标签选择器,表示后面的样式应用于 body 标签括起来的所有部分,即整个页面;color 为属性名称,表示要设定的样式属性为前景色(文本颜色);black 为属性取值,表示黑色。

又如:

```
p {text-align: center; color: red}
```

以上代码设置段落里面的文本颜色为红色并且居中对齐。其中，p 为标签选择器，表示后面的样式应用于 p 标签括起来的所有部分，即所有的段落；text-align 和 color 为属性名称，表示要设定的样式属性为文本对齐方式和前景色(文本颜色)；center 和 red 分别为两个属性对应的取值，表示居中对齐、红色。此例中，有两个属性同时作用于一个选择器，属性之间用分号隔开。

再如：

```
div {margin: 0px 10px;}
```

以上代码设置所有 Div 层的上下外边距为 0px，左右外边距为 10px。其中 div 为标签选择器，表示后面的样式应用于 div 标签括起来的所有部分，即所有的层；margin 为属性，表示要设定的样式属性为外边距；0px 和 10px 是属性的取值，两个值赋给同一个属性，取值之间用空格分开，其中第 1 个值为上下外边距取值，第 2 个值为左右外边距取值。

2) 使用 CSS 面板

(1) 选择"窗口"→"CSS 设计器"菜单命令(见图 4-8)，打开"CSS 设计器"面板，如图 4-9 所示。

图 4-8 "窗口"菜单

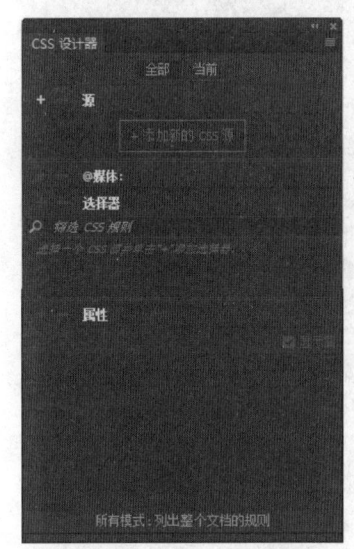

图 4-9 "CSS 设计器"面板

(2) 在"CSS 设计器"面板上，单击"添加新的 CSS 源" + 按钮，打开下拉菜单，选择一个源进行添加，这里选择"在页面中定义"，如图 4-10 所示。

提示： 在下拉列表中，选择"在页面中定义"，则样式规则会定义在页面的<head>标签中，作为页面的一部分；选择"创建新的 CSS 文件"，则样式规则会定义在一个单独的 CSS 样式表文件中，通过链接方式提供给页面使用；选择"附加现有的 CSS 文件"，则会弹出"使用现有的 CSS 文件"对话框(见图 4-11)，单击"浏览"按钮，选择一个现有的 CSS 文件后，通过链接方式提供给页面使用。

图 4-10　添加新的 CSS 源

图 4-11　"使用现有的 CSS 文件"对话框

(3) 在页面的空白处单击，即可选中 body 标签，然后单击"CSS 设计器"面板"选择器"栏前面的 ➕(添加)按钮，就可以完成 body 标签选择器的添加，接着单击"属性"栏的"显示集"复选框，取消其选中状态，即可看到所有的样式列表，如图 4-12 所示。样式在"属性"栏中是分类显示的，可以通过单击图标进行切换，例如单击 🔲(文本)按钮可以切换到文本样式，如图 4-13 所示。

图 4-12　body 标签的属性

图 4-13　切换到文本样式

"CSS 设计器"面板中的样式属性解释如下。

- "布局"面板。
    - ◆ width：用来设置元素的宽度。
    - ◆ height：用来设置元素的高度。
    - ◆ min-width：用来设置元素的最小宽度。
    - ◆ min-height：用来设置元素的最低高度。
    - ◆ max-width：用来设置元素的最大宽度。

- ◆ max- height：用来设置元素的最大高度。
- ◆ dispaly：设置显示方式。
- ◆ box-sizing：用来定义如何计算一个元素的总宽度和总高度，主要设置是否需要加上内边距(padding)和边框等。取值如下。

  content-box：元素的总宽度和总高度为内容本身，不包含边距和边框。

  border-box：元素的总宽度和总高度包含了设置的边框和内边距的值。
- ◆ margin：用来设置外边距(边框与周围元素的距离)。
- ◆ padding：用来设置内边距(边框到内容的距离)。
- ◆ position：用来指定一个元素的定位方法的类型，取值如下。

  absolute：生成绝对定位的元素，相对于 static 定位以外的第一个父元素进行定位。

  fixed：生成固定定位的元素，相对于浏览器窗口进行定位。

  relative：生成相对定位的元素，相对于其正常位置进行定位。

  static：默认值。没有定位，元素出现在正常的流中。

  sticky：黏性定位，该定位基于用户滚动的位置。
- ◆ float：用来设置浮动方式。
- ◆ clear：用来规定元素的哪一侧不允许出现其他浮动元素。
- ◆ overflow-x：用来指定如果它溢出了元素的内容区，是否剪辑左/右边缘内容。
- ◆ overflow-y：用来指定如果它溢出了元素的内容区是否剪辑顶部/底部边缘内容。
- ◆ visibility：用来规定元素是否可见 (即使不可见，但仍占用空间，建议使用 display 来创建不占页面空间的元素)。
- ◆ z-index：用来设置元素的堆叠顺序。
- ◆ opacity：用来指定不透明度，从 0.0(完全透明)到 1.0(完全不透明)。

- ● "文本"面板。
  - ◆ color：用来设置文本颜色。
  - ◆ font-family：用来设置字体类型。
  - ◆ font-style：用来设置字体风格，如斜体、正常等。
  - ◆ font-variant：用来设置文本的变体方式。
  - ◆ font-weight：用来设置字体粗细。
  - ◆ font-size：用来设置字体大小。
  - ◆ line-height：用来设置行高。
  - ◆ text-align：用来设置水平对齐方式，取值如下。

    left：把文本排列到左边，默认值。

    right：把文本排列到右边。

    center：把文本排列到中间。

    justify：实现两端对齐文本效果。
  - ◆ text-decoration：用来设置字体装饰，取值有 underline(下划线)、overline(上划线)、line-through(删除线)、blink(文本闪烁)、none(无特殊效果)。

◆ text-indent：用来设置首行文本缩进方式。

◆ h-shadow：用来设置水平阴影的位置，允许使用负值。

◆ v-shadow：用来设置垂直阴影的位置，允许使用负值。

◆ blur：用来设置模糊距离。

◆ color：用来设置阴影的颜色。

◆ text-transform：用来设置文本转换(字母大小写转换)。

◆ letter-spacing：用来设置字符间距。

◆ word-spacing：用来设置单词间距。

◆ white-space：用来设置对象内空格字符的处理方式。

◆ vertical-align：用来设置垂直对齐方式，取值如下。

　baseline：默认，元素放置在父元素的基线上。

　sub：垂直对齐文本的下标。

　super：垂直对齐文本的上标。

　top：把元素的顶端与行中最高元素的顶端对齐。

　text-top：把元素的顶端与父元素字体的顶端对齐。

　middle：把此元素放置在父元素的中部。

　bottom：使元素及其后代元素的底部与整行的底部对齐。

　text-bottom：把元素的底端与父元素字体的底端对齐。

　length：将元素升高或降低指定的高度，可以是负数。

　%：使用 line-height 属性的百分比值来排列此元素。允许使用负值。

◆ list-style-position：用来设置列表样式位置(用来设定列表样式标记的位置)。

◆ list-style-image：用来设置列表样式图片。

◆ list-style-type：用来设置列表样式类型。

● “边框”面板。

◆ border：用于指定元素边框的样式、宽度和颜色，是边框属性的简写属性。

◆ width：用来设置边框宽度。

◆ style：用来设置边框样式(如虚线)。

◆ color：用来设置边框颜色。

◆ border-radius：用来设置元素的外边框圆角。

◆ border-collapse：用来设置表格的边框是否被合并为一个单一的边框。取值有 collapse(合并为一个单一的边框)、separate(默认值，边框会被分开)。

◆ border-spacing：设置相邻单元格的边框间的距离(仅用于“边框分离”模式)。

● “背景”面板。

◆ background-color：用来设置背景颜色。

◆ background-image：用来设置背景图片。

◆ background-position：用来设置背景图片的起始位置。

◆ background-size：用来设置背景图片大小。

◆ background-clip：用来指定背景绘制区域，取值如下。

　border-box：默认值，背景绘制在边框方框内(剪切成边框方框)。

padding-box：背景绘制在衬距方框内(剪切成衬距方框)。

content-box：背景绘制在内容方框内(剪切成内容方框)。

◆ background-repeat：用来设置背景重复，取值有 repeat(垂直和水平方向重复，默认值)、repeat-x(只有水平位置会重复背景图片)、repeat-y(只有垂直位置会重复背景图片)、no-repeat(不会重复)。

◆ background-origin：用来设置背景图片定位的起点。

◆ background-attachment：用来设置背景附着(设定背景图片是否随文档滚动)。

2. CSS 选择器

选择器的作用是定位页面上的元素，也就是指定 CSS 样式应用在哪些元素或者区域内。CSS 选择器的种类有多种，开发人员可以自由灵活地选用相应的选择器，精确定位页面内的任意元素。

1) 标签选择器

一个完整的 HTML 页面是由很多不同的标签组成的，而标签选择器则可确定采用哪些相应的 CSS 样式。例如，有 CSS 样式声明如下：

```
p{font-size:12px;background:#f00;}
```

则页面中所有 p 标签的背景都是"#f00"(红色)，文字大小均是 12px。在后期维护中，如果想改变整个网站中 p 标签背景的颜色，只需要修改 background 属性即可。

2) 类选择器

类选择器能够为页面元素定义不同的样式。定义类选择器时，要在类名称前面加一个点号"."。例如，要定义段落<p>标签和层<div>标签有相同的样式，可以把以上两个页面元素归为同一个类，代码如下：

```
<p class="a">段落内容</p>
<div class="a">层内容</div>
```

CSS 样式声明如下：

```
.a{font-size:12px;background:#f00;color:#000}
```

这样，类名称为 a 的段落<p>标签和层<div>标签样式都被设置成文字大小为 12px、背景颜色是"#f00"(红色)、文字颜色为"#000"(黑色)。

3) ID 选择器

在 HTML 页面中 ID 名称指定了某个元素，ID 选择器就是用来对这个元素定义单独的样式。定义 ID 选择器时，要在 ID 名称前面加一个"#"号。例如，设置 ID 名称为 b 的段落样式，首先定义段落 ID 名称，代码如下：

```
<p id="b">段落内容</p>
```

CSS 样式声明如下：

```
#b{font-size:20px;}
```

这样 ID 名称为 b 的段落文字大小会被设置为 20px。

以上三种选择器是进行页面布局美化中最基本也是最主要的三种类型。此外，还有一些选择器在进行页面布局美化中也有自己的特殊用途,现说明如下。

(1) 通用选择器:定义时用"*"表示,可以匹配任何元素。使用该选择器,可以给所有页面元素定义共同的样式或者默认样式。例如,要控制页面所有文字默认大小为 12px,可以声明 CSS 样式为"*{font-size:12px;}"。

(2) 伪类选择器:主要用于定义部分标签或类在某种状态下的样式。定义该选择器时要在标签名或类名称后加上冒号":",其后跟伪类名称。常用的一些伪类选择器说明参见表 4-2。

表 4-2　常用的伪类选择器

序　号	选 择 器	含　　义	示　　例
1	:link	匹配所有未被点击的链接	a:link{color:#f00} /*超链接未被点击前颜色为红色*/
2	:visited	匹配所有已被点击的链接	a:visited{color:#00f} /*超链接被点击后颜色为蓝色*/
3	:active	匹配鼠标已经在其上按下、还没有释放的元素	a:active{color:#f0f} /*超链接被选定时颜色为紫色*/
4	:hover	匹配鼠标悬停其上的元素	a:hover{color:#0f0} /*鼠标移动到超链接上时颜色为绿色*/
5	:focus	匹配获得当前焦点的元素	input:focus {background:#ffe; } /*获得焦点的输入字段背景为黄色*/
6	:first-line	匹配元素的第 1 行	p: first-line {font-weight:bold;} /*设置段落的第 1 行文字加粗*/
7	:first-letter	匹配元素的第 1 个字母	p:first-letter{font-size:2em;} /*设置段落的第一个字为 2 倍大小*/
8	:first-child	匹配元素的第 1 个子元素	页面内容: \<p\>aaa\</p\> \<p\>bbb\</p\> 样式: p:first-child{ font-style:italic;} 效果: 两个段落中的第 1 个文本格式为斜体,而第 2 个段落不受该样式控制

(3) 组合选择器:在实际使用中,有时需要对多个基本选择器进行组合使用,通过不同方式连接而成选择器,主要包含四种组合方式。

① 多元素选择器:定义时以逗号分隔多个选择器,格式为"A,B,C",含义是一次性匹配 A、B、C 所有选择器。例如,有代码如下:

```
<p>段落内容</p>
<div>层内容</div>
```

CSS 样式声明如下：

```
p,div{font-size:12px;background:#f00;color:#000}
```

以上样式把段落<p>标签和层<div>标签样式都设置成文字大小为 12px、背景颜色是"#f00"(红色)、文字颜色为"#000"(黑色)。

② 后代选择器：以空格分隔两个选择器，格式为"A B"，匹配 A 元素里包含的 B 元素。注意，这种方式只对在 A 元素里的 B 元素有效。例如，有代码如下：

```
<p>段落 1</p>
<div><p>段落 2</p></div>
```

CSS 样式声明如下：

```
div p{color:#f00}
```

以上样式只是把<div>标签里面的<p>标签(即"段落 2")的文字颜色设置为红色，而单独的<p>标签(即"段落 1")格式不受该样式影响。

③ 子元素选择器：以大于号分隔两个选择器，格式为"A>B"，匹配 A 元素的直接子元素 B。例如，有代码如下：

```
<div><span>aaa</span><p><span>bbb</span></p></div>
```

CSS 样式声明如下：

```
div>span{color:#f00}
```

以上样式只是把<div>标签里面直接嵌套的<span>标签文本(即 aaa)的文字颜色设置为红色，而在<div>标签里面的<p>标签里面的<span>标签文本(即 bbb)格式不受该样式影响。

④ 相邻兄弟选择器：以加号分隔两个选择器，格式为"A+B"，匹配紧跟在 A 元素后面的 B 元素。例如，有代码如下：

```
<p>段落 1</p>
<div>层</div>
<p>段落 2</p>
```

CSS 样式声明如下：

```
div+p{color:#f00}
```

以上样式只是将紧跟在<div>标签后面的<p>标签文本(即"段落 2")的文字颜色设置为红色，而在<div>标签前面的<p>标签里的文本(即"段落 1")格式不受该样式影响。

3. CSS 样式的使用规则

CSS 样式的使用规则如下。

1) 样式表的继承性

样式表的继承性是指被包在内部的标签将拥有外部标签的样式性质。具体来说，就是所有在元素中嵌套的元素都会继承外层元素指定的属性值；如果有多层嵌套，则最里层的样式是外层所有样式的叠加。继承是一种机制，它允许样式不仅可以应用于某个特定的元素，还可以应用于它的后代。例如，有如下代码：

```
<body><div>层内容</div><p>段落1</p></body>
```

CSS样式声明如下：

```
body{ color:#f00;}
```

以上样式给<body>标签定义文本颜色为"#f00"(红色)。基于继承性，该样式也会应用于<body>标签内的所有文本，也就是<div>标签和<p>标签内的文本颜色也会被设置为"#f00"(红色)。

不过，继承也有其局限性，有些属性是不能继承的，如 border、margin、padding、background 等。

2) 样式的优先级

既然有继承性，那么在样式表中的应用上，当多个样式表同时应用到一个对象时，会发生什么情况呢？这就要遵照 CSS 样式的优先级了。所谓 CSS 优先级，是指 CSS 样式在浏览器中被解析的先后顺序，具体说明如下：

- 样式表的元素选择器选择越精确，则其中的样式优先级越高：ID 选择器指定的样式>类选择器指定的样式>元素类型选择器指定的样式。
- 对于相同类型选择器指定的样式，在样式表文件中，越靠后的优先级越高，即就近原则。
- 如果要让某个样式的优先级变高，可以使用"!important"来指定。

4. CSS 代码的常用属性介绍

CSS 代码的常用属性说明如下。

- height：用来设置对象的高度。
- width：用来设置对象的宽度。
- margin：用来设置对象的外边距，也就是到父容器的距离。此外，也可以用margin-left、margin-right、margin-top、margin-bottom 属性分别设置左外边距、右外边距、上外边距和下外边距。
- padding：用来设置对象的内边距(即对象内的子元素与对象边界之间的距离)。同样，也可以通过用 padding-left、padding-right、padding-top、padding-bottom 属性分别设置左内边距、右内边距、上内边距和下内边距。
- border：用来设置对象的边框样式。可直接设置边框样式、颜色、宽度。也可以用border-style、border-color、border-width 单独设置边框样式、颜色和宽度。此外，还可以使用 border-left、border-right、border-top、border-bottom 四个属性分别设置左边框、右边框、上边框和下边框。
- display：用来设置显示属性。常用值有 block、none、inline，分别设置对象显示为块级元素、隐藏元素、内联元素。
- float：用来设置对象在页面上的浮动方式，其值有 left(靠左浮动)、right(靠右浮动)、none(不浮动)。
- background：用来设置背景样式。该属性是复合属性，可直接设置背景的颜色、背景图片、平铺方式等样式。也可以用以下属性分别设置：background-color(设置背景颜色)；background-attachment(背景图像的附加方式)，其值有 scroll、fixed；background-image(指定背景图片)；background-repeat(背景图像的平铺方式)，其值有 no-repeat(不平铺)、repeat(两个方向平铺)、repeat-x(水平方向平铺)、repeat-y(垂直方向平铺)；background-position(定位背景图片的位置)，其值有 top、bottom、left、right 的不同组合，也可以用坐标指定具体位置。

- position：用来设置对象的定位方式，常用值有 relative 和 absolute。若指定为 relative，可以用 top、left、right、bottom 来设置对象在页面中的偏移；若指定为 absolute，可以用 top、left、right、bottom 对 Div 进行绝对定位。

- font：用来指定文本的样式。该属性是复合属性，其后可跟文本的多个样式，也可以分别用属性设置文本的各个样式，如 font-family(字体名称)、font-weight(文本的粗细，其值有 bold、bolder、lighter 等)、font-size(文本的大小)、font-style(文本样式，其值有 italic、normal、oblique 等)。

- color：用来设置文本颜色。赋值时，可以使用十六进制色(如#f00 代表红色)、RGB 颜色(如 rgb(255,0,0)代表红色)、预定义的颜色名(如 red 代表红色)。

- text-align：用来指定文本水平对齐方式，其值有 center(居中对齐)、left(默认值，左对齐)、right(右对齐)、justify(两边对齐)。

- text-decoration：用于文本的修饰，其值有 none(无样式)、underline(下划线)、overline(上划线)、line-through(贯穿线)和 blink(闪烁)。

- text-indent：用来设置文本的缩进，默认值为 0。

- text-transform：用来设置文本的字母大小写，其值有 lowercase(转换成小写)、uppercase(转换成大写)、capitalize(将每个单词的第 1 个字母转换成大写，其余无转换)、none(默认值，无转换)。

- direction：用来设置内容的流向，其值有 ltr(从左至右)、rtl(从右至左)。

- line-height：用来指定对象的行高。

- word-spacing：用来设置字间距。

- overflow：用来设置对象的内容超过其指定高度及宽度时如何管理，其值有 scroll(始终显示滚动条)、visible(不显示滚动条，但超出部分可见)、auto(内容超出时显示滚动条)、hidden(超出时隐藏内容)。

- z-index：用来设置对象的层叠顺序。用 z-index 属性时，position 要指定为 absolute。

- cursor：用来设置在对象上移动的鼠标指针采用的光标形状。此属性的值可以是多个，其间用逗号分隔，假如第 1 个值不可以被客户端系统理解或所指定的光标无法找到及显示，则第 2 个值将被尝试使用，依此类推。

- clip：用来设置对象的可视区域，可视区域外的部分是透明的。格式为 clip:rect(top right bottom left)，分别用于设置上、下、左、右的裁剪距离，但此时要把 position 指定为 absolute。

提示：　为了便于讲述知识点，后面所有的 CSS 样式将使用代码方式定义，读者可以自行对照 CSS 规则定义的相应位置进行设置，此后不再说明。

4.2.3　CSS 样式在网页中的应用

前面介绍了 CSS 样式声明代码应该放在什么位置，那么怎样才能控制页面效果呢？有以下四种方式。

1. 行内方式

行内方式是四种样式中最直接、最简单的一种，是在对象的标签内使用对象的 style 属性定义样式表属性，例如，如下代码用来设置段落里面文本颜色为"#f00"(红色):

```
<p style="color:#f00; "></p>
```

虽然这种方法比较直接，但在制作页面的时候，需要为很多的标签设置 style 属性，所以会导致 HTML 页面不够纯净，文件体积过大。

2. 内嵌方式

内嵌方式是将 CSS 样式声明代码写在<head></head>之间，并且用<style></style>进行声明，例如:

```
<!doctype html>
<html>
<head>
<meta charset="utf-8">
<title>css 样式表的应用</title>
<!--
body {font: italic bolder 25px "楷体_GB2312";}
-->
</head>
<body>
<p>内嵌样式表的应用</p>
</body>
</html>
```

以上样式设置了页面内文字样式为斜体、加粗，大小为 25px，字体为"楷体_GB2312"，效果如图 4-14 所示。

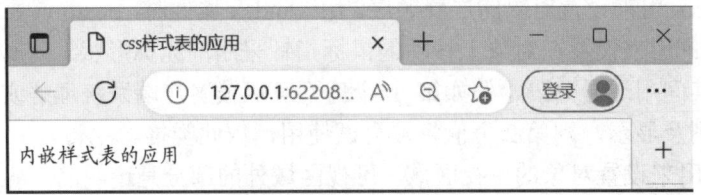

图 4-14　内嵌样式表预览效果

提示：　将 style 对象的 type 属性设置为"text/css"，是允许不支持这种类型的浏览器忽略该样式。

3. 链接方式

链接方式是使用频率最高、最实用的方式，只需要在<head></head>之间加上<link

href="style.css" type="text/css" rel="stylesheet" />就可以了。这种方式将 HTML 文件和 CSS 文件彻底分成两个或者多个文件,实现了页面框架 HTML 代码与美工 CSS 代码的完全分离,使得前期制作和后期维护都十分方便,如果需要改变网站风格,只需要修改 CSS 文件就行了,这也是制作页面时提倡的一种方式。该方式的使用方法如下。

(1)　创建一个 CSS 文件。选择"文件"→"新建"菜单命令,在打开的对话框中选择"文档类型"为 CSS,如图 4-15 所示。

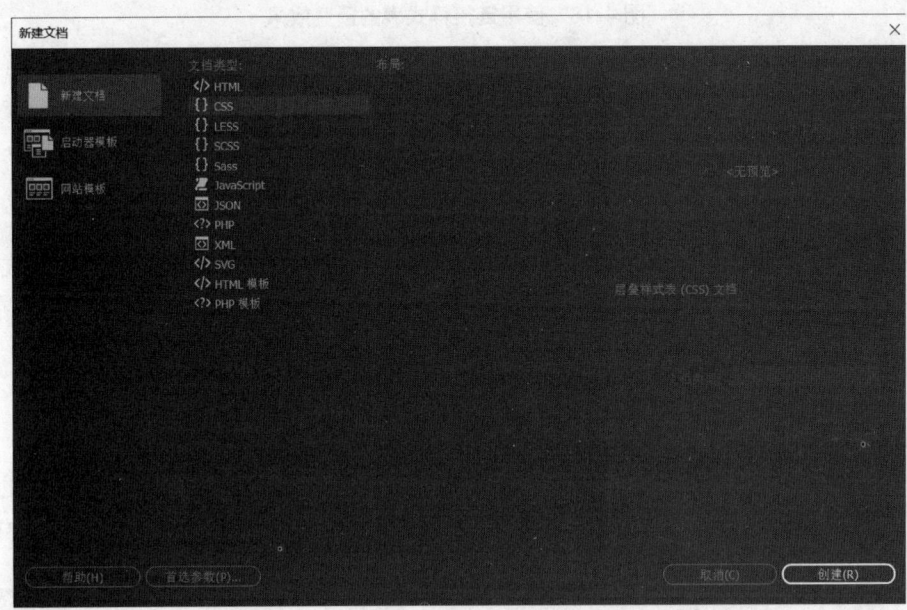

图 4-15　新建 CSS 文件

(2)　在打开的代码窗口中,输入 CSS 样式表代码,如图 4-16 所示。选择"文件"→"保存"菜单命令,保存为 style.css。

```
style.css
1    @charset "utf-8";
2    /* CSS Document */
3    body {font: italic bolder 25px "楷体_GB2312";}
```

图 4-16　CSS 文件代码窗口

(3)　在制作好的页面的<head>部分,输入链接代码,如图 4-17 所示,最终效果如图 4-18 所示。

```
源代码    style.css
1    <!doctype htmL>
2    <htmL>
3    <head>
4    <meta charset="utf-8">
5    <title>csss样式表的应用</title>
6    <link href="style.css" .type="text/css" rel="stylesheet"/>
7    </head>
8    <body>
9    <p>链接样式表的应用</p>
10   </body>
11   </html>
```

图 4-17　网页代码窗口

图 4-18　使用链接样式表的预览效果

把样式表链接到网页时，是通过给<link>标签里面的 href 属性赋值实现的，赋值时应该使用相对路径。

4. 导入方式

导入样式和链接样式相似，是用 import 方式导入 CSS 样式表文件，即只需在<style></style>之间加上"@import "style.css";"即可。在 HTML 初始化时，该样式表就会被导入 HTML 文件中，成为文件的一部分，类似第 2 种内嵌方式，这里不再详述。

4.3　盒子模型

盒子模型是 CSS 控制页面使用的一个很重要的概念，是 Div+CSS 布局页面中的核心。只有很好地掌握了盒子模型以及其中每个元素的用法，才能真正地控制好页面中的各个元素。

4.3.1　盒子模型概述

传统的表格排版是通过大小不一的表格和表格嵌套来定位排版网页内容的。改用 CSS 排版后，就是由 Div 层定义的大小不一的盒子和盒子嵌套，通过 CSS 样式来布局定位网页。盒子模型的 4 个要素分别是 content(内容)、border(边框)、padding(内边距)、margin(外边距)，如图 4-19 所示。

盒子模型

图 4-19　盒子模型示意

在盒子模型中，页面被看成是由许许多多的盒子组成的，与现实生活中的盒子相似。边框(border)相当于盒子的厚度，内容(content)相对于盒子中所装物体的空间，内边距

(padding)相当于为防震而在盒子内填充的泡沫，外边距(margin)相当于盒子和盒子之间的距离(盒子周围要留出一定的空间，方便取出)。

在 Web 标准中，盒子模型中的 width 属性指的是盒子所包含内容的宽度，而整个盒子的实际宽度计算公式如下：

实际宽度=padding-left+border-left+margin-left+width+padding-right+border-right
　　　　+margin-right

相应地，盒子模型中的 height 属性指的是盒子所包含内容的高度，而整个盒子的实际高度计算公式如下：

实际高度=margin-top+border-top+padding-top+height+padding-bottom+border
　　　　　-bottom+margin-bottom

例如，创建一个类名为 box 的 Div 盒子，其 CSS 样式声明如下：

```
.box {width: 300px; height: 200px; padding: 10px;
    border: 1px solid #000; margin: 15px;}
```

通过盒子模型计算公式，得到该元素的实际占有宽度和高度如下：

实际宽度= 15 + 1 + 10 + 300 + 10 + 1 + 15 = 352(px)

实际高度= 15 + 1 + 10 + 200 + 10 + 1 + 15 = 252(px)

该元素对应的盒子模型如图 4-20 所示。

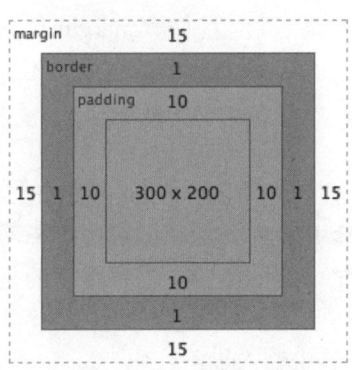

图 4-20　"盒子模型"举例

从该例子得知，为了使这个元素适应这个页面，我们需要一个至少 352px 宽度和 252px 高度的区域。如果可用的区域小于此数值，这个元素会错位，或者溢出它的包含块。

其实，盒子模型有两种，分别是 IE 盒子模型和标准 W3C 盒子模型。以上介绍的是标准 W3C 盒子模型，目前，大多数网页布局都是用 W3C 盒子模型，它的兼容性非常好。要明确规定网页使用 W3C 盒子模型，需要在网页的顶部加上 DOCTYPE 声明。如果不加 DOCTYPE 声明，那么各浏览器会根据自己的行为去理解网页，这可能导致同一个网页在不同的浏览器中显示得不一样。反之，如果加上了 DOCTYPE 声明，那么所有浏览器都会采用标准 W3C 盒子模型去解释盒子，网页就能在各个浏览器中显示一致了。

4.3.2　margin、padding 与 border

盒子模型中涉及若干构成盒子的要素，要理解盒子模型，关键就是要了解 margin、

padding 和 border 的属性。

1. margin

margin 指外边距,控制页面元素之间的距离,它们是透明不可见的。

1) margin 的用法

margin 属性是一个复合属性,通过使用单独的属性,可以对上、右、下、左的外边距进行设置,即 margin-top、margin-right、margin-bottom、margin-left;也可以使用简写的外边距属性同时改变所有的外边距,即 margin:toprightbottomleft,如"margin:10px20px30px40px"分别代表从正上方顺时针"上右下左"4 个外边距。可以给 margin 属性赋 1 到 4 个值,具体说明如下。

- 1 个值:该值就是对象到父容器的上、右、下、左边 4 个边的距离,表示上右下左的 margin 同为这个值。如"margin:10px"就等于"margin:10px10px10px10px"。
- 2 个值:第 1 个值表示上、下外边距,第 2 个值表示左、右外边距。如"margin:10px20px"就等于"margin:10px20px10px20px"。
- 3 个值:第 1 个值表示上外边距,第 2 个值表示左、右外边距,第 3 个值表示下外边距。如"margin:10px20px30px"就等于"margin:10px20px30px20px"。
- 4 个值:依次为上外边距、右外边距、下外边距、左外边距。如"margin:10px20px30px40px"。

margin 属性在赋值时可以是长度值(如"margin:10px;");也可以是百分比值(如"margin:10%;"),百分比是基于父对象的高度或宽度;还可以使用 auto 为其赋值,表示由浏览器计算取值。此外,margin 还可以使用负数赋值。

2) margin 的合并

所谓 margin 的合并,其正式名称为 collapsing-margins,指的是当两个垂直外边距相遇时,它们将形成一个外边距,合并后的外边距的高度等于两个发生合并的外边距的高度中的较大者,这对页面布局会产生一定的影响。需要注意的是,这种合并现象只存在于垂直相邻或有从属关系的元素之间。

例如,在<body></body>标签中输入以下代码:

```
<p id="p1">段落 1</p><p id="p2">段落 2</p>
```

以上代码创建了两个段落,ID 名称分别为 p1 和 p2。CSS 样式声明如下:

```
*{ margin:0; padding:0; }  /*清空页面内所有元素的内外边距*/
#p1{ margin-bottom:20px; background-color:#F00;}
   /*设置段落 p1 的上外边距为 20px,背景色为红色*/
#p2{ margin-top:10px; background-color:#FF0;}
   /*设置段落 p2 的上外边距为 10px,背景色为黄色*/
```

从理论上分析,段落 p1 的下外边距为 20px,而段落 p2 的上外边距为 10px,两个段落上下相邻,段落 p1 和 p2 之间的垂直间隔应该为 10px+20px=30px。但是,由于段落 p1 和 p2 垂直外边距发生相邻元素间的 margin 合并,所以最终段落 p1 和 p2 之间的垂直间隔以两者中的较大者为准,也就是 20px,最终效果如图 4-21 所示。

margin 是外边距,padding 是内边距,使用 CSS 时首先要做的就是把所有标签的 margin

和 padding 清空，这样更容易控制布局和兼容浏览器(<p>、<li>等标签都默认有 margin)。清空方法是"*{margin:0; padding:0;}"，其中"*"是通配符，表示所有标签元素。

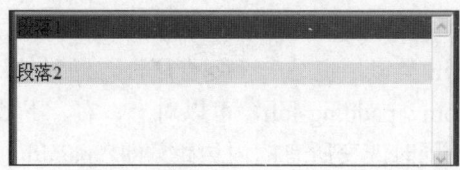

图 4-21　相邻元素 margin 合并效果

又如，在<body></body>标签里面输入以下代码：

```
<div id="d1"><p id="p1">段落 1</p><p id="p2">段落 2</p></div>
```

以上代码在 ID 名称为 d1 的层里面创建了两个段落，ID 名称分别为 p1 和 p2。该页面的 CSS 样式声明如下：

```
*{ margin:0; padding:0;}  /*清空页面内所有元素的内外边距*/
#d1{ background-color:#00F;}   /*设置层 d1 的背景色为蓝色*/
#p1{ margin-top:20px; background-color:#F00;}
/*设置段落 p1 的上外边距为 20px，背景色为红色*/
#p2{ margin-top:10px; background-color:#FF0;}
/*设置段落 p2 的上外边距为 10px，背景色为黄色*/
```

页面最终效果如图 4-22 所示。

对以上代码从理论上分析，由于段落 p1 设置了与其父元素层 d1 上外边距为 20px，也就是说，段落 p1 上边界与层 d1 的上边界之间应该有 20px 的间隔，而这 20px 属于父元素层 d1 的内部，应该显示层 d1 的背景色蓝色。但是，从效果图来看，段落 p1 上方确实有 20px 的间隔，但是却不是父元素 d1 的蓝色背景，这是为什么呢？

这个问题发生的原因是，根据规范，一个盒子如果没有上内边距(padding-top)和上边框(border-top)，那么这个盒子的上边距会和其内部的第 1 个子元素的上边距重叠。换句话说，父元素的第 1 个子元素的上边距 margin-top 如果碰不到父元素的 border 或者 padding，就会把自己的 margin 当作父元素的 margin 执行。

要解决这个问题也不难，只要为父元素增加一个 border-top 或者 padding-top 即可。下面为层 d1 加上 border-top 上边框，修改后 d1 的样式如下：

```
#d1{ background-color:#00F;border-top:#000 1px solid;}
/*设置层 d1 的背景色为蓝色，上边框线为黑色、1 像素、实线*/
```

修改后的效果如图 4-23 所示，由于排除了父子元素的 margin 合并问题，这就跟理论分析效果一致了。

图 4-22　父子元素 margin 合并效果

图 4-23　排除 margin 合并后的效果

2. padding

Padding 指内边距,控制块级元素内部 content(内容)与 border(边框)之间的距离,是透明不可见的。

padding 的用法与 margin 类似,也是一个复合属性,通过使用单独的属性 padding-top、padding-right、padding-bottom、padding-left,可以对上、右、下、左的内边距进行设置;也可以使用简写的内边距属性同时改变所有的内边距,即 "padding: top right bottom left",具体用法参照 margin 属性。与 margin 不同的是,padding 属性接受长度值或百分比值,但不允许使用负值。

padding 与 margin 属性都可以用来控制边距,而且两者在许多地方的控制效果都相同。例如,在<body></body>标签里面输入以下代码:

```
<p id="p1">这是一个段落</p>
```

以上代码创建了一个段落,ID 名称为 p1,其预览效果如图 4-24 所示。现在要使段落 p1 与页面的上边和左边都能间隔 10px 距离,使用 margin 属性或 padding 属性都能实现,设置边距后的效果如图 4-25 所示。margin 属性的 CSS 样式声明如下:

```
*{ margin:0; padding:0; }  /*清空页面内所有元素的内外边距*/
#p1{ margin-top:10px; margin-left:10px;}/*设置段落的上外边距和左外边距为10px*/
```

padding 属性的 CSS 样式声明如下:

```
*{ margin:0; padding:0; }  /*清空页面内所有元素的内外边距*/
#p1{ padding-top:10px; padding-left:10px;}/*设置段落的上内边距和左内边距为10px*/
```

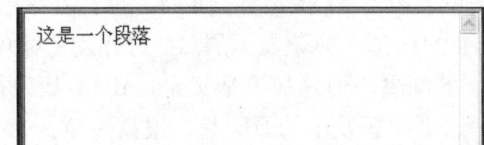

| 图 4-24 未设置边距前的效果 | 图 4-25 设置边距后的效果 |

虽然两者在使用效果上非常相似,但是也有一些情况只能使用其中一种属性才能达到需要的效果。比如,拉开的空白边距需要用背景颜色填充,这时则使用 padding 属性;如果需要垂直相邻的元素间的边距合并,则使用 margin 属性,这是因为 margin 属性存在 collapsing-margins 的现象。

3. border

border 用于设置对象的边框样式。

在盒子模型中,元素外边距内就是元素的边框(border),元素的边框就是围绕元素内容和内边距的一条或多条线。每个边框包括宽度、样式以及颜色等属性,也就是说,border 是一个复合属性。通过使用单独的属性 border-top、border-right、border-bottom、border-left,可以对上、右、下、左 4 条边的边框样式进行分别设置;也可以使用简写的边框属性统一设置 4 个方向的边框样式,其语法格式为:

```
border : border-width || border-style || border-color
```

说明如下。

- border-width 属性：用来设置边框宽度，取值如下。
    - ◆ mdium：默认值，默认宽度。
    - ◆ thin：小于默认宽度。
    - ◆ thick：大于默认宽度。
    - ◆ length：由浮点数字和单位标识符组成的长度值。
- border-style 属性：用来设置边框样式，取值如下。
    - ◆ none：默认值，无边框，与任何指定的 border-width 值无关。
    - ◆ hidden：隐藏边框，除了同表格的边框发生冲突的时候，其他同 none。
    - ◆ dotted：点划线。
    - ◆ dashed：虚线。
    - ◆ solid：实线边框(常用)。
    - ◆ double：双线边框。两条单线与其间隔的和等于指定的 border-width 值。
    - ◆ groove：槽状。
    - ◆ ridge：脊状，与 groove 相反。
    - ◆ inset：凹陷。
    - ◆ outset：凸出，与 inset 相反。
- border-color 属性：用来设置边框颜色。默认值为当前文本颜色，赋值方式如下。
    - ◆ 指定颜色的名称，如"red"。
    - ◆ 指定 RGB 值，如"rgb(255,0,0)"。
    - ◆ 指定 16 进制值，如"#ff0000"。
    - ◆ transparent：颜色透明。

其中边框样式效果如图 4-26 所示。

图 4-26　border-style 边框样式的效果

需要注意的是，当指定了边框颜色(border-color)和边框宽度(border-width)时，必须同时指定边框样式(border-style)，否则边框不会被显示。另外，如使用复合属性 border 定义时只为其设置了单个参数，则其他参数的默认值将无条件覆盖各自对应的单个属性设置。例如，设置"border: thin"等于设置"border: thin none",而 border-color 的默认值将采用文本颜色。

此外,除了使用 border 复合属性同时设置边框样式、宽度和颜色外,也可以使用 border-style、border-width、border-color 属性分别设置边框的样式、宽度和颜色。与此类似,每一条边的边框样式既可以使用复合属性统一设置(如 border-top),也可以使用单独属性分别设置(如 border-top-style、border-top-width、border-top-color)。

4.3.3 块级元素与内联元素

在盒子模型中,通过 Div 层可以定义页面中大大小小的"盒子"。其实,除了可以使用 Div 层作为容器来装载页面内容外,其他一些页面元素也可以作为装载内容的容器,这就是块级元素。

在用 CSS 布局页面的时候,一般会将 HTML 标签分成两种:块级元素(block)和内联元素(inline),如 div 和 p 就是块级元素,链接标签 a 就是内联元素。

1. block

1) block 的特点

block 具有以下几个方面的特点。

- 总是独占一行,排斥其他元素与其位于同一行。
- 可设置宽度(width)、高度(height)、内边距(padding)和外边距(margin)。
- 一般是其他元素的容器,可容纳内联元素和其他块级元素。

2) 常用块级元素标签

常用块级元素标签列举如下。

- <ol>:有序列表。
- <ul>:无序列表。
- <dl>:自定义列表。
- <table>:表格。
- <li>:列表项。
- <dt>:自定义列表中的项目。
- <dd>:自定义列表内容。
- <caption>:表格标题。
- <thead>:表格头部。
- <tbody>:表格主体内容。
- <tfoot>:表格尾部。
- <th>:定义表头单元格。
- <tr>:定义表格中的行。
- <td>:定义表格中的标准单元格。
- <colgroup>:在表格中定义一个列组。
- <col>:定义表格中一列的属性。
- <h1>/<h2>/<h3>/<h4>/<h5>/<h6>:各级标题。
- <p>:段落。
- <header >:头部标签。

第 4 章 认识 Div+CSS 布局

- `<nav>`：导航标签。
- `<main>`：主要内容标签。
- `<article>`：内容标签。
- `<section>`：定义文档某个区域。
- `<figure>`：组合标签
- `<aside>`：侧边栏标签。
- `<footer>`：脚注标签。
- `<blockquote>`：引用标签。
- `<address>`：电子邮箱地址。
- `<div>`：定义文档中的分区或节。
- `<form>`：创建 HTML 表单。
- `<hr>`：创建一条水平线。
- `<pre>`：预格式标签。

2. inline

1) inline 的特点

inline 具有以下特点：

- 与相邻的内联元素在同一行。
- 设置宽度(width)、高度(height)无效，可以通过 line-height 来设置。
- 设置 margin/padding 时只有左右有效，上下无效。
- 只能容纳文本或者其他内联元素。

2) 常用内联元素标签

常用内联元素标签列举如下。

- `<a>`：定义超链接。
- `<b>`：字体加粗。
- `<br>`：换行。
- `<dfn>`：定义一个定义项目。
- `<em>`：定义为强调的内容。
- `<i>`：斜体文本效果。
- `<img>`：向网页中嵌入一幅图像。
- `<input>`：定义表单输入框。
- `<label>`：定义标签文本(标记)。
- `<select>`：创建单选或多选菜单。
- `<span>`：组合文档中的行内元素。
- `<strong>`：定义强调的内容。
- `<sub>`：定义下标文本。
- `<sup>`：定义上标文本。
- `<textarea>`：定义多行的文本输入控件。

3. 块级元素与内联元素的转换

样式控制中的两种不同元素(即内联元素和块级元素)，在需要的时候是可以相互转换

101

的。比如，如果想要设置内联元素的宽度和高度，就可以把它转化成块级元素，使其具有块级元素的特性，宽度和高度也就起作用了。

块级元素与内联元素之间的转换是通过样式属性 display 来设置的，具体语法如下。

- 内联转化为块级：display:block。
- 块级转化为内联：display:inline。

其实，display 属性除了以上两种取值外，还有一个常用取值：none，含义是隐藏对象，也就是让对象不可见。例如，在<body></body>标签里面输入以下代码：

```
<div id="d1">层 1</div><div id="d2">层 2</div>
<a id="a1" href="#">链接 1</a><a id="a2" href="#">链接 2</a>
```

以上代码依次创建了两个层，ID 名称分别为 d1 和 d2；创建了两个超链接，ID 名称分别为 a1 和 a2，其 CSS 样式声明如下：

```
#d1{width:100px; height:100px; background-color:#00f;}
#d2{width:100px; height:100px; background-color:#f00;}
#a1{text-decoration:none; color:#00f;width:100px; height:100px; }
#a2{text-decoration:none; color:#f00;width:100px; height:100px; }
```

由于<div>是块级元素，可以独占一行并且可以设置高度和宽度；而<a>是内联元素，和相邻的内联元素位于同一行，虽然定义了高度和宽度，但是对内联元素并不起作用，所以最终效果如图 4-27 所示。

下面把块级元素和内联元素做一个转换，修改后的 CSS 声明如下：

```
#d1{width:100px; height:100px; background-color:#00f; display:inline;}
#d2{width:100px; height:100px; background-color:#f00; display:inline;}
#a1{text-decoration:none; color:#00f;width:100px; height:100px; display:block;}
#a2{text-decoration:none; color:#f00;width:100px; height:100px; display:block;}
```

以上代码将两个层从块级元素转换成了内联元素，因此两个层同在一行并且宽度和高度失效了；将两个超链接从内联元素转换成了块级元素，因此，两个超链接各独占一行并且前面设置的高度和宽度已经生效，如图 4-28 所示。

图 4-27　内联元素和块级元素原始效果　　　图 4-28　内联元素和块级元素转换后的效果

4.3.4　Div 的浮动与定位

在盒子模型的具体应用过程中，可以使用<div>层来定义各种大大小小的盒子，但是如何把定义好的盒子放置到页面需要的位置呢？这就需要通过 CSS 样式对 Div 进行定位和页面布局了。CSS 页面布局有两种方式：浮动(float)和定位(position)。

1. Div 的浮动

1) 浮动的概念

浮动就是将对象元素漂移到其父元素边框或者前一个浮动元素的边框为止。由于对象发生浮动后就会脱离标准文档流，所以标准文档流中的其他页面元素就会以为浮动对象不存在，从而占据其空间。任何元素都可以被浮动。p、Div 块级元素可以被浮动，即使是像 span 和 strong 这样的行内置元素，也是可以浮动的。

从理论上来说，Div 定义的盒子是块级元素，两个相邻的 Div 盒子会各独占一行，垂直排列。在页面布局的过程中，如果需要让两个 Div 盒子并列排列，该怎么办呢？虽然可以通过把 Div 转换成内联元素，将两个 Div 盒子放在一行，但是也会失去块级元素的所有特性(宽度和高度等都会失效)，也就不能再作为盒子使用了。那怎样才能既保持块级元素的特性，又能让两个块级元素并列排列呢？答案就是使用"浮动"。浮动的盒子可以向左或向右移动，直到它的外边缘碰到包含它的盒子或另一个浮动盒子的边框为止。由于浮动后的盒子不在文档的标准流中，所以文档标准流中的其他盒子就会以为浮动的盒子不存在，从而挤占其空间。

2) 浮动的使用

在 CSS 样式中，浮动效果是通过设置 float 属性来完成的，语法如下：

```
float: none | left |right
```

参数说明如下。

- none：对象不浮动。
- left：对象浮在左边。
- right：对象浮在右边。

例如，在<body></body>标签里面输入以下代码：

```
<div id="main">
<div id="d1">层 1</div><div id="d2">层 2</div><div id="d3">层 3</div></div>
```

以上代码创建了 1 个层，ID 名称为 main；并在该层里面创建了 3 个层，ID 名称分别为 d1、d2 和 d3，其 CSS 样式声明如下(效果如图 4-29 所示)：

```
div{ border:1px #000000 dashed; width:80px; height:80px; margin-bottom:5px;}
/*定义所有 div 的边框为 1px 黑色虚线，高度和宽度为 80px，下外边距为 5px*/
#main{border:1px #000000 dashed; padding:5px; width:200px; height:300px;}
/*定义外层 main 的边框为 1px 黑色虚线，高度为 300px，宽度为 200px，内边距为 5px*/
```

给 d1 层加上右浮动效果后，如图 4-30 所示，添加的 CSS 样式声明如下：

```
#d1{ float:right;}/*设置 d1 层向右浮动*/
```

从效果图可以看出，设置 d1 层(即"层 1")为右浮动后，d1 脱离了标准文档流往右浮动，直到遇到页面的右边界停止浮动；而 d1 原来在标准文档流中的空间就被空出来了，从而在标准文档流中的 d2 层(即"层 2")自动填补了这个空间，上移到了原本 d1 层(即"层 1")

网页设计与制作案例教程(微课版)

的位置，而 d3 层(即"层 3")也自动填补到了 d2 层(即"层 2")原来的空间。

修改样式为 3 个层向左浮动，效果如图 4-31 所示，CSS 样式浮动代码声明如下：

```
#d1,#d2,#d3{ float:left;}/*设置 3 个层均向左浮动*/
```

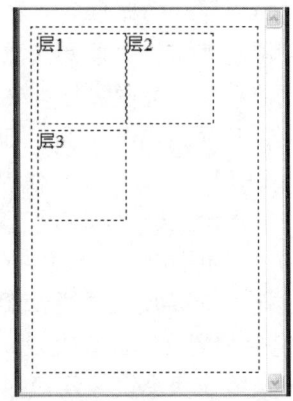

图 4-29　不浮动效果　　　　　图 4-30　d1 层右浮动效果　　　图 4-31　3 个层左浮动效果

根据水平方向浮动的原理，如果向左浮动的层被放置在父容器的左上角，并且其后跟随一个同向左浮动的层，该浮动层会被放置在父容器右上角，然后移动到左侧，边界延伸到第一个左浮动层的右侧时停止。

从图 4-31 可以看出，d1 层(即"层 1")向左浮动直到移动到外层 main 的左上角；d2 层(即"层 2")根据水平移动原理，先移到父元素层 main 的右上角，再向左移动到第一个左浮动层 d1 的右侧为止；d3 层(即"层 3")由于层 main 的宽度不够，无法上移到其右上角，只能移动到第 2 行的最右边再向左移动，就停留在了第 2 行的最左边。

在该例中，如果要将 3 个层都向左浮动到同一行，则必须保证其容器的宽度要足够容纳这 3 个层的实际宽度(按照盒子模型理论计算实际宽度)，否则就会像该例中一样，d3 层(即"层 3")由于无法挤到第 1 行而被迫换行。下面对 CSS 样式中的层 main 的宽度重新调整，代码如下：

```
#main{border:1px #000000 dashed; padding:5px; width:300px; height:300px;}
/*定义外层 main 的边框为 1px 黑色虚线，高度为 300px，宽度为 300px，内边距为 5px*/
```

调整了父容器 main 的宽度后，最终 3 个层左浮动的效果如图 4-32 所示。

图 4-32　3 个层左浮动效果(父容器宽度大于 3 个层的总宽度)

3)　浮动的清除

在页面布局中如果有元素使用了浮动，页面中其他元素可能会受到浮动影响，导致位置发生变化或错位。要想消除浮动元素带来的影响，就需要在不想被浮动影响的元素的 CSS 样式中使用 clear 属性来清除浮动。clear 属性的语法格式如下：

```
clear: none | left | right | both
```

取值说明如下。

- none：默认值，允许两边都可以有浮动对象。
- left：不允许左边有浮动对象。
- right：不允许右边有浮动对象。
- both：不允许有浮动对象。

例如，在<body></body>标签里面输入以下代码：

```
<div id="d1">层 1</div><div id="d2">层 2</div><div id="d3">层 3</div>
```

CSS 样式声明如下，对应的页面效果如图 4-33 所示。

```
#d1{ width:100px; height:100px; float:left; background-color:#00f; }
/*设置 d1 层高度和宽度为 100px，背景色为蓝色，向左浮动*/
#d2{ width:100px; height:100px; float:left; background-color:#0f0; }
/*设置 d2 层高度和宽度为 100px，背景色为绿色，向左浮动*/
#d3{ width:200px; height:100px; background-color:#f00;}
/*设置 d3 层高度和宽度为 100px，背景色为红色*/
```

图 4-33　清除浮动前的效果

图 4-33 中，d3 层(即"层 3")未使用浮动，想要放在第 2 行 d1 层(即"层 1")和 d2 层(即"层 2")的下方。但是由于 d1 层和 d2 层的浮动，导致 d3 层被提到第 1 行去了，没有达到预期的布局效果。为了消除浮动带来的影响，修改 d3 层的 CSS 样式如下(对应的页面效果如图 4-34 所示)：

```
#d3{ width:200px; height:100px; background-color:#f00; clear:left;}
/*设置 d3 层高度和宽度为 100px，背景色为红色，清除左边的浮动影响*/
```

提示：　清除 d3 层左边的浮动的含义就是不允许 d3 层左边有浮动对象，由于第 1 行左边已经有两个浮动对象了，所以 d3 层只能放在第 2 行，从而满足布局要求。此外，使用样式"clear:both"也可以达到同样的效果。

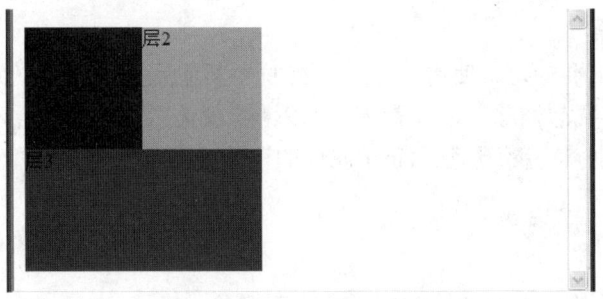

图 4-34   清除浮动后的效果

2. Div 的定位

在 CSS 中的定位有几种方法，具体使用哪种定位方式，可以通过 position 属性来确定，其语法说明如下：

```
position: static | absolute | fixed | relative
```

取值说明如下。

- static：静态，默认值，无特殊定位，对象遵循 HTML 定位规则。
- absolute：绝对定位，将对象从文档流中拖出，使用 left、right、top、bottom 等属性相对于其最近有定位设置的一个父对象进行绝对定位。如果不存在这样的父对象，则依据 body 对象，而其层叠通过 z-index 属性定义。
- fixed：固定，对象定位遵从绝对(absolute)方式，但是要遵守一些规范。
- relative：相对定位，对象不可层叠，但将依据 left、right、top、bottom 等属性在正常文档流中偏移位置。

任何元素的默认 position 的属性值均是 static，以下主要介绍最常用的 absolute(绝对)以及 relative(相对)两种定位方式的用法。

1)　absolute(绝对定位)

在页面中使用绝对定位，需要满足两个条件：

- 设置对象 position 属性为 absolute。
- 设置对象的 left、right、top、bottom 属性以实现定位。

定位时，需要注意以下几点：

- top、bottom、left、right 属性指对象距离父对象上、下、左、右的距离，这 4 个属性很少同时使用，通常使用两个属性即可完成定位：水平方向由 left、right 决定，选择其一即可；垂直方向由 top、bottom 决定，选择其一即可。
- 如果对象的父对象没有设置定位属性，即还是遵循 HTML 定位规则，依据 body 对象左上角作为参考进行定位。
- 绝对定位时，对象是可层叠的，层叠顺序可通过 z-index 属性控制。z-index 值为无单位的整数，大的在最上面，可以有负值。

例如，在<body></body>标签里面输入以下代码：

```
<div id="d1">层 1</div><div id="d2">层 2</div><div id="d3">层 3</div>
```

CSS 样式声明如下(对应的页面效果如图 4-35 所示)：

```
div{ width:80px; height:80px; }/*设置所有层高度和宽度为 80px */
#d1{background-color:#00f; }/*设置 d1 层背景色为蓝色 */
#d2{background-color:#0f0; }/*设置 d2 层背景色为绿色 */
#d3{background-color:#f00; } /*设置 d3 层背景色为红色 */
```

通过绝对定位，让 3 个层位于浏览器左上方并且从左到右按 d1 到 d3 依次排列，修改后的 CSS 样式声明如下(效果如图 4-36 所示)：

```
div{ width:80px; height:80px; position:absolute;}
/*设置所有层高度和宽度为 80px，并使用绝对定位*/
#d1{background-color:#00f; left:0px; top:0px;}
/*设置 d1 层背景色为蓝色，与浏览器左上角水平垂直距离为 0px*/
#d2{background-color:#0f0;left:80px; top:0px;}
/*设置 d2 层背景色为绿色，与浏览器左上角水平距离为 80px，垂直距离为 0px*/
#d3{background-color:#f00;left:160px; top:0px; }
/*设置 d3 层背景色为红色，与浏览器左上角水平距离为 160px，垂直距离为 0px*/
```

 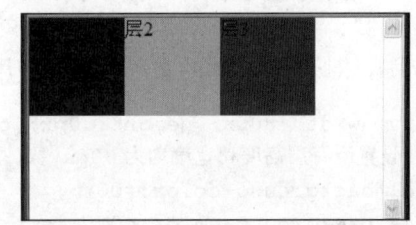

图 4-35　绝对定位前的效果　　　　图 4-36　绝对定位到左上方的效果

因为 3 个层要位于浏览器最上方，所以距离浏览器的上边距 top 都设置为 0px；d1 层直接与浏览器左边界重合 left=0px；d2 层要让出 d1 层所占宽度后与其并排，所以 d2 层与浏览器左边界为 d1 层的宽度 80px，刚好跳过了 d1 层实现与其并排；依此类推，d3 层左边界为 160px。如果 d2、d3 层的 left 属性值过小，就会出现 3 个层水平重叠。

通过绝对定位让 3 个层位于浏览器右下方，并且从左到右依次为 d1 到 d3，修改后的 CSS 样式声明如下(效果如图 4-37 所示)：

```
div{ width:80px; height:80px; position:absolute;}
#d1{background-color:#00f; right:160px; bottom:0px;}
/*与浏览器右边界距离为 160px，下边界距离为 0px*/
#d2{background-color:#0f0;right:80px; bottom:0px;}
/*与浏览器右边界距离为 80px，下边界距离为 0px*/
#d3{background-color:#f00;right:0px;bottom:0px; }
/*与浏览器右边界距离为 0px，下边界距离为 0px*/
```

因为 3 个层要位于浏览器的最下方，所以距离浏览器的下边界 bottom 属性都设置为 0px，与浏览器下边框重合；d3 层要位于最右边，与浏览器右边界重合，所以设置 right=0px，d2 层要位于 d3 层的左边，需要在 d2 层的右边让出 d3 层的宽度，所以 right=80px；依此类推，d1 层要在右边让出 d2、d3 层的宽度，所以 right=160px。

图 4-37 绝对定位到右下方的效果

2) relative(相对定位)

在页面中使用相对定位，需要满足两个条件：

- 设置对象 position 属性为 relative。
- 设置对象的 left、right、top、bottom 属性以实现定位。

定位时，需要注意以下几点：

- 相对定位的对象是不可以重叠的。
- 对象的 top、bottom、left、right 属性指的是在对象原本位置上向上、下、左、右四个方向的偏移量，可以为负数，负数代表反方向偏移。
- 相对定位对象并未脱离标准文档流，依然会占据原来位置，即使对象设置了偏移量，空出了部分空间，其他对象也不会自动填补到该空间。

例如，对于图 4-35 的布局效果，使用相对定位也可以实现，CSS 样式声明如下：

```
div{ width:80px; height:80px; position: relative;}
/*设置所有层高度和宽度均为80px，定位方式为相对定位 */
#d1{background-color:#00f;}
#d2{background-color:#0f0;left:80px; top:-80px;}
/*设置 d2 层距离它原来位置的左边距为80px，上边距为-80px*/
#d3{background-color:#f00;left:160px; top:-160px;}
/*设置 d3 层距离它原来位置的左边距为160px，上边距为-160px*/
```

偏移量 top 的含义取正值是让对象向下偏移，移动后的对象上边界与对象移动前的上边界的距离即为 top 的取值；top 为负值则是反向移动，对象向上偏移，移动后的对象上边界与移动前的上边界的距离为负值的绝对值。把该例中的样式"top:-80px"改为"bottom:80px"，"top:-160px"改为"bottom:160px"，效果是一样的。

在页面布局的实际操作中，经常把绝对定位和相对定位两种方式配合使用，以绝对定位为主，相对定位为辅，实现页面的综合布局。

4.4 常用布局方式

前面介绍了页面布局使用的各种技术手段，接下来对常用的一些布局方式及技巧做一个简单的介绍。

4.4.1 居中布局

居中布局是页面布局中经常要面对的问题。"居中"有两种含义：一

居中布局

种是页面布局中 Div 居中，另一种是内容居中。

1. Div 居中

Div 居中操作要点如下：

- 设置父容器的 text-align 属性值为 center。如果 Div 处于最外层，则设置<body>标签的 text-align 属性值为 center，否则设置该 Div 的父元素的 text-align 属性值为 center。这一操作是为兼容不同的浏览器而设的。
- 设置 Div 的 margin-left 和 margin-right 属性值为 auto。也就是设置要居中的 Div 的左右外边距自动分配，这样浏览器会自动计算后平均分配左右外边距，如此一来 Div 自然就居中了。

例如，在<body></body>标签里面输入以下代码：

```
<div>我是一个居中的层</div>
```

CSS 样式声明如下(对应的页面效果如图 4-38 所示)：

```
*{ margin:0px; padding:0px} /*清除所有元素的内外边距*/
body{ text-align:center;} /*设置 body 标签内元素水平居中*/
div{width:200px; height:100px; background-color:#00f;margin-left:auto;
margin-right:auto;}
/*设置 Div 的高度为 100px，宽度为 200px，背景色为蓝色，左右外边距为自动 */
```

图 4-38 Div 页面水平居中的效果

提示： 样式 "margin-left:auto; margin-right:auto" 也可以简写为 "margin:0 auto"。

2. 内容居中

1) 水平居中

在容器的样式定义中，使用 text-align:center 可以实现对容器内元素的水平居中。

2) 垂直居中

在需要垂直居中的页面元素的样式中，使用 line-height 设置行高，使其与元素所在容器的内容区域高度一致，则元素在容器中即可实现垂直居中。

例如，在<body></body>标签里面输入以下代码：

```
<div><p>水平垂直居中</p></div>
```

CSS 样式声明如下(对应的页面效果如图 4-39 所示)：

```
*{ margin:0px; padding:0px} /*清除所有元素的内外边距*/
div{ width:300px; height:60px; background-color:#0f0;text-align:center;
padding:20px;}
/*设置层的高度为 300px，宽度为 60px，背景色为绿色，内容为水平居中，内边距为 20px*/
```

```
p{letter-spacing:20px; line-height:60px; border:1px solid #000;
background-color:#f00;}
```
/*设置段落的字间距为20px，行高为60px，边框为1px黑色实线，背景色为红色*/

提示： 容器的内容高度实际上就是容器的 height 属性所设高度。使用 padding 和 border 的简写属性，可以一次性设置4个方向的内边距和边框样式。

图 4-39　页面容器内容居中效果

4.4.2　固定宽度布局

固定宽度布局

所谓固定宽度布局，是指将页面的宽度设置为一个固定数值，这样页面宽度不会随用户调整浏览器窗口大小而变化。一般将页面宽度设置为 900~1100 像素宽(最常见的是 960 像素)。

下面以目前比较常用的三栏固定宽度布局为例，介绍固定宽度布局的用法。三栏布局的结构如图 4-40 所示，页面效果如图 4-41 所示。

图 4-40　三栏固定宽度布局

图 4-41　三栏固定宽度布局页面效果

以上效果对应的页面源代码如表 4-3 所示。

表 4-3　固定宽度布局页面源代码

行　号	HTML 代码
1	<!doctype html>
2	<html>
3	<head>
4	<meta charset="utf-8">
5	<title>固定宽度布局</title>
6	<style>
7	* { margin: 0; padding: 0; font-size:9pt;}
8	/*清空页面的内外边距，并设置默认字体大小为 9pt*/
9	#wrapper{width: 960px; margin: 0 auto;border:1px solid #000;}
10	/*宽度为 960px，整体页面居中，边框为 1px 实线黑色*/
11	header{background:#f00;}/*设置背景色为红色*/
12	nav{background:#dcd9c0;width:150px; height:200px;float:left; }
13	/*背景色为#dcd9c0，宽度为 150px，高度为 200px，靠左浮动*/
14	article{background:#ffed53; width:600px; height:200px;float:left;}
15	/*背景色为#ffed53，宽度为 600px，高度为 200px，靠左浮动*/
16	aside{background:#9CF; width:210px;height:200px; float:left;}
17	/*背景色为#9CF，宽度为 210px，高度为 200px，靠左浮动*/
18	footer{clear:both;background:#6a6b6c;}
19	/*清除所有方向的浮动，背景色为#6a6b6c*/
20	</style>
21	</head>
22	<body>
23	<div id="wrapper">
24	<header>页面顶部(LOGO)</header>
25	<nav>导航菜单 1 导航菜单 2 导航菜单 3 </nav>
26	<article>页面内容 页面内容 页面内容 </article>
27	<aside>友情链接 友情链接 友情链接 </aside>
28	<footer>页面底部(版权说明)</footer>
29	</div>
30	</body>
31	</html>

4.4.3　可变宽度布局

可变宽度布局也称自适应宽度布局，是指页面的宽度会随着浏览器的宽度变化而变化，一般是通过把宽度值设置为百分比以及使用属性 margin(外边距)来实现。

同样以三栏布局为例，三栏布局自适应宽度的实现思路是左右宽度固定，中间一列随浏览器窗口变化宽度。在浏览器宽度大和宽度小两种环境下的页面效果，如图 4-42 和图 4-43 所示。

图 4-42 三栏可变宽度布局(浏览器宽度较大时)的页面效果

图 4-43 三栏可变宽度布局(浏览器宽度较小时)的页面效果

以上效果对应的页面源代码如表 4-4 所示。

表 4-4 可变宽度布局页面的源代码

行　号	HTML 代码
1	<!doctype html>
2	<html>
3	<head>
4	<meta charset="utf-8">
5	<title>可变宽度布局</title>
6	<style>
7	* { margin: 0; padding: 0; font-size:9pt;}
8	/*清空页面的内外边距，并设置默认字体大小为 9pt*/
9	#wrapper{width:100%;border:1px solid #000;}
10	/*宽度为 100%，边框为 1px 实线黑色*/
11	header{background:#f00;}/*设置背景色为红色*/

行 号	HTML 代码
12	nav{background:#dcd9c0;width:150px; height:200px;float:left; }
13	/*背景色为#dcd9c0，宽度为 150px，高度为 200px，靠左浮动*/
14	aside{background:#9CF; width:210px;height:200px; float:right;}
15	/*背景色为#9CF，宽度为 210px，高度为 200px，靠右浮动*/
16	article{background:#ffed53; height:200px; margin-left:150px; margin-right:210px;}
17	/*背景色为#ffed53，高度为 200px，左外边距为 150px，右外边距为 210px*/
18	footer{clear:both;background:#6a6b6c;}
19	/*清除所有方向的浮动，背景色为#6a6b6c*/
20	</style>
21	</head>
22	<body>
23	<div id="wrapper">
24	<header>页面顶部(LOGO)</header>
25	<nav>导航菜单 1 导航菜单 2 导航菜单 3 </nav>
26	<aside>友情链接 友情链接 友情链接 </aside>
27	<article>页面内容 页面内容 页面内容 </article>
28	<footer>页面底部(版权说明)</footer>
29	</div>
30	</body>
31	</html>

在 body 页面内容部分，注意 nav、aside、article 三个层的先后顺序：首先，居中的 article 层必须放在居左右的两个层 nav、aside 的后面；其次，中间层 article 由于是自适应浏览器窗口宽度，所以在样式中不需要为其设置宽度；最后，自适应层 article 的位置在左右两个层的中间，所以其左右外边距 margin-left 和 margin-right 要设置为左右两个层的宽度，以免覆盖左右层。宽度设置为 100%，是指其宽度与父容器宽度等宽；若没有父元素，则是与浏览器宽度等宽。

4.5 实 例 演 示

实例演示

4.5.1 实例情景——制作在线作业系统首页

本节设计制作一个在线作业系统的首页页面，要求采用 Div+CSS 技术实现页面的定位布局并进行适当的美化。

4.5.2 实例效果

在线作业系统网页预览效果如图 4-44 所示。

重庆航天职业技术学院计算机工程系2022 © 版权所有

图 4-44　在线作业系统首页效果

4.5.3　实现方案

1. 操作思路

准备好图片素材，利用 Div 层装载页面内容，利用 CSS 样式表进行定位布局和实现相应的页面美化过程。

2. 操作步骤

(1)　新建页面保存在本地站点，命名为 zuoye.html。

(2)　在网页 zuoye.html 中，新建一个 Div 层，用来装载整个页面内容，命名 ID 名称为 zhuye。

(3)　在 zhuye 层中，新建 3 块内容，分别为头部 header、主体 main 和底部 footer。

(4)　在主体 main 层中，新建两块内容，分别用来装载左侧的表单部分 aside 块和右侧的新闻列表内容部分 article 块。

(5)　在 aside 块中，新建两块内容，分别用来装载上方的用户登录区域 section 和下方的投票区域 section，ID 名称依次命名为 left_s、left_x。

(6)　在 article 块中，新建两块内容，分别用来装载上方的跑马灯部分 section 和下方的新闻列表部分 section，ID 名称依次命名为 right_s、right_x，最终设计视图效果如图 4-45 所示(注意，图中每块区域里面的名称只为方便读者查看对照，实际开发时需要清除)，其文档结构如图 4-46 所示。

(7)　新建 CSS 样式表，命名为 style1.css，并在页面 zuoye.html 中引入该样式表。

(8)　在样式表 style1.css 中，定义 CSS 样式，使整个页面居中显示，并分别设置每个 Div 层的高度和宽度，且定位到对应的位置。定位 Div 层的样式代码如表 4-5 所示，定位效果如图 4-47 所示。

(9)　把各个页面元素对照最终页面，依次填充到相应的 Div 层里面，预览效果如图 4-47 所示。源代码如表 4-6 所示。

图 4-45　页面布局初步完成后的设计视图

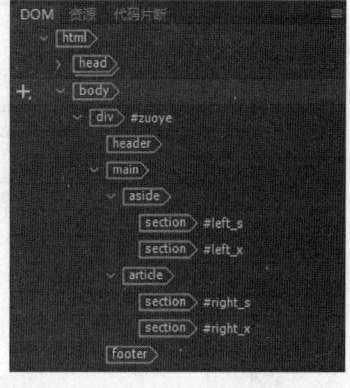

图 4-46　zuoye.html 的文档结构

表 4-5　CSS 定位样式源代码

行　号	CSS 代码
1	body{text-align:center;}/*设置页面内容居中对齐*/
2	#zuoye{width:778px;margin:0 auto;text-align:left;}
3	/*宽度为 778px，整体居中，内容靠左对齐*/
4	header{height:111px;width:100%;margin-bottom:5px;}
5	/*高度为 111px，宽度为 100%(与 zhuye 层等宽)，下外边距为 5px*/
6	main{height:300px; width:100%; margin_bottom:3px;}
7	/*高度为 300px，宽度为 100%(与 zhuye 层等宽)，下外边距为 3px*/
8	aside{height:300px; width:213px; float:left; margin-right:20px;}
9	/*高度为 300px，宽度为 215px，左浮动，右外边距为 20px*/
10	#left_s{ width:211px; height:140px;}/*高度为 140px，宽度为 213px*/
11	#left_x{ width:211px; height:160px;}/*高度为 160px，宽度为 213px*/
12	article{ width:545px; height:300px; float:left;}/*高度为 300px，宽度为 540px，左浮动*/
13	#right_s{ width:100%; height:25px;}/*高度为 25px，宽度为 100%(与 right 层等宽)*/
14	#right_x{ width:100%; height:275px;}/*高度为 275px，宽度为 100%(与 right 层等宽)*/
15	footer{clear:both;height:40px; width:100%; margin-top:10px; padding-top:20px;border-top:2px
16	solid #cccccc; text-align:center;}
17	/*清除浮动，高度为 40px，宽度为 100%(与 zhuye 层等宽)，上外边距为 10px，上内边距为
18	20px，边框为 2px 灰色实线，内容居中对齐*/

　　(10) 在样式表 style1.css 中，按照网页最终预览效果(见图 4-48)，进一步定义 CSS 样式对页面进行美化，主要操作包括以下方面：

- 清除整个页面的内外边距。
- 设置各部分文字的大小、颜色、粗细、对齐方式。
- 设置超链接的文字样式。
- 设置每个列表项的下边框效果。
- 设置各个元素之间上、下、左、右的间距。
- 设置表单元素的样式及位置。
- 设置容器的内外边距以及边框线格式。

115

图 4-47　Div 层定位完成后的效果

表 4-6　页面填充内容后的 body 部分代码

行　号	HTML 代码
1	`<div id="zuoye">`
2	`<header>`
3	`<img src="images/banner.png" width="778" height="111" />`
4	`<!--插入图片，设置宽度 778px，高度 111px-->`
5	`</header>`
6	`<main>`
7	`<aside>`
8	`<section id="left_s">`
9	`<img src="images/regist.gif" width="213" height="26" />`
10	`<!--插入图片，设置宽度 213px，高度 26px-->`
11	`<p class="s">`
12	`<span>用户名：</span><input id="user"type="text" class="txt"/>`
13	`<!--插入提示文本和文本输入框-->`
14	`</p>`
15	`<p class="s">`
16	`<span id="mi">密</span>码：<input id="pwd" type="password" class="txt"/>`
17	`<!--插入提示文本和密码输入框-->`
18	`</p>`
19	`<p class="s">`
20	`<span>管理员：</span><input type="checkbox" id="admin"/>`
21	`<!--插入提示文本和复选框-->`
22	`</p>`
23	`<p id="anniu1" class="s">`

行 号	HTML 代码
24	<input type="button" value="注册" class="bt1"/ >
25	<!--插入普通按钮，设置显示文本为"注册"-->
26	<input type="submit" value="登录" class="bt1"/>
27	<!--插入提交按钮，设置显示文本为"登录"-->
28	<input type="button" value="忘记密码" class="bt1"/>
29	<!--插入普通按钮，设置显示文本为"忘记密码"-->
30	</p>
31	</section>
32	<section id="left_x">
33	<p id="wenben" class="x">
34	<span class="org" >您认为在线作业系统哪个方面需要改进?</span>
35	</p>
36	<!--插入一组单选按钮-->
37	<p class="x"><input type="radio" class="rd"/> <span>页面设计</span></p>
38	<p class="x"><input type="radio" class="rd"/> <span>作业流程</span></p>
39	<p class="x"><input type="radio" class="rd"/> <span>功能模块</span></p>
40	<p class="x"><input type="radio" class="rd"/> <span>操作方式</span></p>
41	<p id="anniu2" class="x" >
42	<input type="submit" value="我要投票" class="bt2" />
43	<!--插入提交按钮，设置显示文本为"我要投票"-->
44	<input type="button" value="查看结果" class="bt2"/>
45	<!--插入普通按钮，设置显示文本为"查看结果"-->
46	</p>
47	</section>
48	</aside>
49	<article>
50	<section id="right_s">
51	<!--插入"走马灯"-->
52	<marquee class="org" behavior="scroll" direction="left" bgcolor="#FFFFFF"
53	width="536" hspace="1" vspace="1" scrollamount="5" scrolldelay="0"
54	class="yellow02">欢迎您访问在线作业系统！在这里您可以收获很多！
55	</marquee>
56	</section>
57	<section id="right_x">
58	<!--插入无序列表-->

行 号	HTML 代码
59	\<ul\>
60	\<li\>\<a href="#"\>网页设计与制作登录本平台！\</a\>\</li\>
61	\<li\>\<a href="#" \>
62	祝贺 SQL Server 数据库技术及应用成为国家级"十二五"规划教材！\</a\>\</li\>
63	\<li\>\<a href="#" \>Java 程序设计课程登录本平台！\</a\>\</li\>
64	\<li\>\<a href="#"\>关于 2022 年春季学期期末考试考风考纪问题！\</a\>\</li\>
65	\<li\>\<a href="#" \>2022 年出台的考试制度！\</a\>\</li\>
66	\<li\>\<a href="#" \>
67	2022 年关于各专业的考试形式将有所变动，请各师生注意！\</a\>\</li\>
68	\<li\>\<a href="#" \>从即日起，网站浏览者可以进行在线投票！\</a\>\</li\>
69	\<li\>\<a href="#"\>数据库应用课程又上传了新内容！\</a\>\</li\>
70	\<li id="bd"\>\<a href="#" \>作业系统即将投入使用！\</a\>\</li\>
71	\</ul\>
72	\</section\>
73	\</article\>
74	\</main\>
75	\<footer\>重庆航天职业技术学院计算机工程系 2022 © 版权所有\</footer\>
76	\</div\>

图 4-48　页面完成内容填充后的效果

CSS 样式表的参考代码如表 4-7 所示。

表 4-7　CSS 最终样式代码

行　号	CSS 代码
1	@charset "utf-8";
2	*{ margin:0; padding:0; font-size:9pt; text-decoration:none; color:#000;}
3	/*清除所有的内外边距，默认文字大小为 9pt，清除文本修饰效果，文本颜色默认为黑色*/
4	body{text-align:center;}/*设置页面内容居中对齐*/
5	#zuoye{width:778px;margin:0 auto;text-align:left;}/*宽度为 778px，整体居中，内容靠左对齐*/
6	header{height:111px;width:100%;margin-bottom:5px;}
7	/*高度为 111px，宽度为 100%(与 zhuye 层等宽)，下外边距为 5px*/
8	main{height:300px; width:100%; margin_bottom:3px;}
9	/*高度为 300px，宽度为 100%(与 zhuye 层等宽)，下外边距为 3px*/
10	aside{height:300px; width:213px; float:left; margin-right:20px;}
11	/*高度为 300px，宽度为 215px，左浮动，右外边距为 20px*/
12	#left_s{ width:211px; height:140px;}/*高度为 140px，宽度为 213px*/
13	#left_x{ width:211px; height:160px;}/*高度为 160px，宽度为 213px*/
14	article{ width:545px; height:300px; float:left;}/*高度为 300px，宽度为 540px，左浮动*/
15	#right_s{ width:100%; height:25px;}/*高度为 25px，宽度为 100%(与 right 层等宽)*/
16	#right_x{ width:100%; height:275px;}/*高度为 275px，宽度为 100%(与 right 层等宽)*/
17	footer{clear:both;height:40px; width:100%; margin-top:10px; padding-top:20px;border-top:2px
18	solid #cccccc; text-align:center;}
19	/*清除浮动，高度为 40px，宽度为 100%(与 zhuye 层等宽)，上外边距为 10px，上内边距为
20	20px，边框为 2px 灰色实线，内容居中对齐*/
21	a:hover{color:#E56B04;}/*鼠标指针放在超链接上时文本颜色为橘黄色*/
22	.org{color:#E56B04; font-weight:bold;}/*文字颜色为橘黄色，加粗显示*/
23	ul{ list-style-position:inside;}/*列表项目符号标记位于文本内*/
24	#mi{ margin-right:9pt;}/*右外边距为 9pt*/
25	.txt{ width:120px;border: 1px solid #999999;}/*宽度为 120px，边框为 1px 灰色实线*/
26	.s{ line-height:26px; padding-left:10px; border-left:1px solid #cccccc; border-right:1px solid
27	#cccccc;}
28	/*行高为 26px，左内边距为 10px，左右边框线为 1px 灰色实线*/
29	.x{line-height:20px;padding-left:10px; border-left:1px solid #cccccc; border-right:1px solid
30	#cccccc;}
31	/*行高为 20px，左内边距为 10px，左右边框线为 1px 灰色实线*/
32	#anniu1{ line-height:35px;border-bottom:1px solid #cccccc; text-align:center;}
33	/*行高为 35px，下边框线为 1px 灰色实线，内容水平居中对齐*/

续表

行　号	CSS 代码
34	#admin{ border: 1px solid #999999; }/*边框线为 1px 灰色实线*/
35	#wenben{ line-height:15px; padding-top:10px;}/*行高为 15px，上内边距为 10px*/
36	.rd{ margin-left:50px;}/*左外边距为 50px*/
37	#anniu2{ line-height:40px;border-bottom:1px solid #cccccc; text-align:center;}
38	/*行高为 40px，下边框线为 1px 灰色实线，内容水平居中对齐*/
39	ul{ width:100%;}/*宽度为 100%(与 right_x 层等宽)*/
40	ul li{ border-bottom:1px dotted #000000; padding-bottom:5px; padding-top:5px;
41	line-height:20px; }
42	/*列表项的下边框线为 1px 黑色点线，上下内边距为 5px，行高为 20px*/
43	#bd{ border-bottom:0px　dotted #000000;}/*设置无下边框线*/

在处理页面元素的边框、内外边距等内容时，一定要严格参照盒子模型进行精确计算后，正确给出新增的各个页面元素的所占空间大小，还要对每个 Div 层原有的高度、宽度进行微调，以达到最终的预览效果，否则 1 像素之差就可能导致 Div 层的错位甚至被挤到下一行。读者可以对比一下表 4-5 和表 4-7 中各个盒子尺寸的变化。

4.6　任　务　训　练

4.6.1　训练目的

(1) 练习在网页中插入 Div 层对象。
(2) 练习在网页中定义并应用 CSS 样式表。
(3) 练习在网页中使用 Div+CSS 技术进行定位布局。
(4) 练习使用 Div+CSS 技术完成简单页面的制作和美化。

4.6.2　训练内容

(1) 层的定位，利用 Div 层和 CSS 样式，分别用浮动、绝对定位和相对定位三种方法完成同一个页面的制作，预览效果如图 4-49 所示。

图 4-49　层的定位效果

(2) 文本美化，利用 Div 层和 CSS 样式完成网页的制作，预览效果如图 4-50 所示。

图 4-50　文本美化效果

(3) 页面制作，利用 Div 层和 CSS 样式完成网页的制作，预览效果如图 4-51 所示。

图 4-51　页面制作效果

4.7　知识拓展

(1) <div>标签与<span>标签的区别是什么？

答：<span>标签是行内元素，两个相邻的 span 在一起不会换行。<div>是块级元素，浏览器通常会在 Div 元素前后放置一个换行符，两个相邻的 Div 在一起就会换行。Div 一般应用于排版，而 span 一般是控制局部文字的样式效果。

(2) 表格布局与 Div+CSS 布局的区别是什么？

答：表格属于结构叠加控制布局，而 Div+CSS 是基于结构控制布局。Table 的布局直观、简单，容易上手，在不同的浏览器中都能得到很好的兼容；而 CSS 可观性比较差，要兼容多个浏览器，调整 CSS 是很困难的。但如果网站有布局变化的需要时，Table 的布局就要重新设计；Div 就不同了，可以把大部分更新内容写在 CSS 里，页面的布局和改动不会太大。此外，Table 布局相对 Div，代码会显得比较多一些，因此会造成网页打开速度慢的状况。

单 元 测 试

1. CSS 是利用(   )XHTML 标记构建网页布局。

   A. <dir>   B. <div>   C. <dis>   D. <dif>

2. 下列属性中，能够设置盒子模型的左侧外补丁的是(   )。

   A. margin   B. indent   C. margin-left   D. text-indent

3. 去掉文本超级链接的下划线的方法是(   )。

   A. a {text-decoration:no underline}   B. a {underline:none}

   C. a {decoration:no underline}   D. a {text-decoration:none}

4. 给所有的<h1>标签添加背景颜色的方法是(   )。

   A. .h1 {background-color:#FFFFFF}   B. h1 {background-color:#FFFFFF;}

   C. h1.all {background-color:#FFFFFF}   D. #h1 {background-color:#FFFFFF}

5. 下列代码中，能够定义所有 p 标签内文字加粗的是(   )。

   A. <p style="text-size:bold">   B. <p style="font-size:bold">

   C. p {text-size:bold}   D. p {font-weight:bold}

6. 同一个 HTML 元素被不止一个样式定义时，会使用的样式是(   )。

   A. 浏览器默认设置   B. 外部样式表

   C. 内部样式表(位于<head>标签内部)   D. 内联样式(在 HTML 元素内部)

7. 下列选项中，不属于 CSS 文本属性的是(   )。

   A. font-size   B. color   C. text-align   D. list-style

8. 下列选项中，不是超级链接伪类的是(   )。

   A. a:hover   B. a:link   C. a:active   D. a:span

9. 在下列 HTML 中，正确引用外部样式表方法的是(   )。

   A. <link rel="stylesheet" type="text/css" href="mystyle.css">

   B. <link rel="stylesheet" type="text/css" src="mystyle.css">

   C. <link rel="stylesheet" type="text/css" dir="mystyle.css">

   D. <link rel="stylesheet" type="text/css" type="mystyle.css">

10. CSS 的全称是 (   )。

   A. Cascading Sheet Style   B. Cascading System Sheet

   C. Cascading Style Sheet   D. Cascading Style System

学 习 评 价

评价项目	评价内容	分 值	得 分
Div	掌握 Div 的使用	10	
CSS	掌握 CSS 的用法	20	
盒子模型	掌握盒子模型的方法	20	
常用布局	掌握常用布局的方法	40	
职业素养	举一反三与网页合理布局及审美能力	10	
合 计			

第5章
认 识 表 单

【学习目标】

● 能够在网页中插入表单及表单对象

● 能够进行表单元素属性的设置

● 能够运用表单及表单对象制作网页

一个网站不仅可以使用户方便浏览网页，还可以提供人机对话。表单实现了浏览器与服务器之间的消息传递，利用表单程序，可以收集、分析、处理用户数据，实现人机对话过程。

5.1 创 建 表 单

创建表单

表单在网页中主要负责数据采集，用户可以通过浏览器向服务器端提交信息，用户注册、在线调查表、留言板等都是表单的具体应用形式。

5.1.1 表单概述

表单(form)是用户与服务器进行信息交流的一种交互界面，一般由两部分组成：一是包含用来收集信息的表单对象，如表单(form)、文本(text)、复选框(checkbox)、单选按钮(radio)、选择(select)等；二是包含对表单内容进行处理的应用程序，可以基于客户端，也可以基于服务器，通过它实现对用户信息的处理。学生信息注册表单预览效果如图 5-1 所示。

图 5-1　学生信息注册表单预览效果

📝 **提示：** 学生信息注册表单可先利用表格布局完成此界面的文字效果。表格宽度为450px，10 行 2 列。

5.1.2 插入表单

表单是一个包含表单元素的区域。在"插入"面板的"表单"选项卡中单击▣按钮，或者选择"插入"→"表单"→"表单"菜单命令，创建表单后，会在文档中出现一个红色虚线框，如图 5-2 所示。

```
Untitled-1* ×
```

图 5-2　创建表单

表单用标签<form></form>来定义，其语法格式如下：

```
<form id="form1" name="form1" method="post">
</form>
```

提示：在页面中如果没有看到此红色虚线框，请检查"编辑"→"首选项"→"不可见元素"菜单命令是否为选中状态。

5.1.3 表单属性

在文档窗口"设计"视图中，单击表单标签的红色虚线框或者单击窗口左下角标签选择器中的<form>标签，就可选中表单，"属性"面板如图 5-3 所示。

图 5-3 form "属性" 面板

表单"属性"面板中各参数解释如下。

- ID：用于为表单设置一个唯一的名称来标识表单。名称可由任意英文字母或数字组成，不能以数字开头，也不能包含空格、反斜线等特殊字符，默认为 form1。
- Action(动作)：用于处理表单数据的脚本程序的 URL。单击后面的█按钮，可选择脚本程序。
- Method(方法)：在客户机和服务器之间进行请求/响应时使用的方法，最常用的是 POST 和 GET。POST 方法是在 HTTP 请求中嵌入表单数据，并将其传输到服务器，适用于向服务器提交大量数据的情况，是加密传送；GET 方法是将值附加到请求的 URL 中，不能超过 8192B 的数据，是明码传送，安全性差，尤其不能用于传送账号、密码、信用卡信息等。该属性通常默认为 POST 方法。
- Title：规定有关元素的额外信息。
- Target(目标)：用于显示脚本程序返回数据浏览器窗口的打开方式。_blank：在不同的新窗口中打开；new：在同一个新窗口中打开；_self：默认，在相同的窗口载入 action 请求；_parent：在父窗口打开；_top：在整个窗口中打开。
- Enctype(编码类型)：以下拉列表的方式显示发送至服务器的数据的 MIME 编码类型，其中 application/x-www-form-urlencoded 用于选择 POST 方式传送；如果要创建文件上传域，则选择 multipart/form-data。
- Accept Charset：提交表单所使用的字符集，HTML5 默认字符集为 UTF-8。
- No Validate：指定浏览器不去验证 form 表单。
- Auto Complete：指定浏览器是否自动完成表单，默认为 on，也可以设置 Auto Complete=off。

提示：MIME (Multipurpose Internet Mail Extensions) 是描述消息内容类型的因特网标准。MIME 消息可以包含文本、图像、音频、视频以及其他应用程序专用的数据。

5.2 创建表单对象

表单对象是指一个表单上包含的多个对象，这些对象也称为控件或表单元素。表单对象可以从客户端收集信息，再传送给服务器端的程序进行处理。在 Dreamweaver CC 2019 中，可通过选择"插入"→"表单"子菜单命令或者在"插入"面板的"表单"选项卡中单击各表单元素按钮创建表单对象，如图 5-4 所示。

图 5-4 "表单"选项卡

在创建表单对象之前，需要先创建表单，即网页文档的"设计"视图必须出现红色虚线框。

5.2.1 文本

文本是用来接收用户输入信息的表单对象，通常被用来填写单个词或者简短的回答，如姓名、地址等。用户可创建单行文本域或多行文本域，也可为密码域。当为密码域时，在输入文本时，文本将被其他字符或星号(*)代替。

1. 创建单行文本或密码

(1) 将光标定位在要插入文本的位置，如定位在"学生学号"右侧的单元格里。

(2) 执行以下任一操作。

● 选择"插入"→"表单"→"文本"菜单命令。

● 在"插入"面板的"表单"选项卡中单击"文本"按钮。

(3) 选中已插入文本，则文本字段的"属性"面板如图 5-5 所示。

图 5-5 文本字段的"属性"面板

其中的各参数解释如下。

● Name(文本域)：设置文本字段的名称，用于输入唯一标识文本字段的英文或数字，命名规则同表单，默认为 textfield，此例修改为 uname。

● Class(类名)：规定元素的类名(用于规定样式表中的类)。

● Size(字符宽度)：规定输入字段的宽度(以字符计)，此例设置为 20。

● Max Length(最多字符数)：规定输入字段的最大字符数，此例设置为 16。

- Value(初始值)：规定输入字段的默认值。
- Title：规定有关元素的额外信息。
- Placeholder：占位属性，其属性值为占位文本。提供可描述输入字段预期值的提示语句。当输入域获得焦点，即用户将光标定位到输入框后，该提示会自动消失。
- Disabled(禁用)：规定输入字段是禁用的。
- Required：规定输入字段是必需的(必须填写)。
- AutoComplete：用户在浏览器中输入信息的时候将自动填充值。
- Auto Focus：页面加载时自动获得焦点。
- Read Only(只读)：规定输入字段为只读(无法修改)。
- Form：规定<input>元素所属的一个或多个表单。
- Pattern：根据对应的正则表达式，验证输入框中的内容。
- Tab Index：Tab 键控制的顺序。
- List：引用的<datalist>元素中包含了<input>元素的预定义选项。

提示：　一个中文字符(汉字)和一个英文字母对应的字符数都是 1。

Placeholder 属性适用于 text、search、url、telephone、email 以及 password 等<input>类型。

文本语法格式如下：

```
<input name="uname" type="text" id="uname" size="20" maxlength="16" />
<input type="password" name="password" id="password">
```

2. 创建文本区域

(1) 将光标定位在要插入文本区域的位置，如定位在"个人简介"右侧的单元格里。

(2) 执行以下任一操作：

- 选择"插入"→"表单"→"文本区域"菜单命令。
- 在"插入"面板的"表单"选项卡中单击"文本区域"按钮。

(3) 选中已插入的文本区域，在"属性"面板中设置文本区域的属性，如图 5-6 所示，设置"每行的最多字符数"为 45，"行数"为 5，当内容超出该设置显示区域时，将自动出现滚动条。文本区域属性参数与文本基本相同。

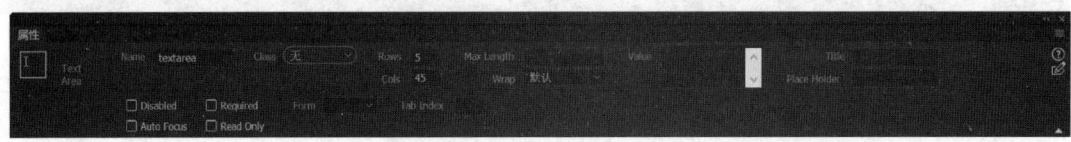

图 5-6　多行文本域的属性

文本区域的"属性"面板中各参数解释如下。

- rows：多行文本区域的行数，取值为数字。
- cols：多行文本区域的每行的最多字符数，取值为数字。

文本区域语法格式如下：

```
<textarea name="selfintro" cols="45" rows="5" id="selfintro"></textarea>
```

5.2.2 隐藏域

隐藏域用来存放某些页面中需要连续传递信息的不可见元素,对于网页访问者来说,隐藏域是看不见的。当表单被提交时,隐藏域会将定义的名称和相关信息发送到服务器端。

选中已插入的隐藏域,则隐藏域的"属性"面板如图 5-7 所示。

图 5-7 隐藏域的"属性"面板

隐藏域的"属性"面板中各参数解释如下。

- 隐藏区域(Name):隐藏域的名称,用于输入唯一标识隐藏域的英文或数字,命名规则同表单,默认为 hiddenField。
- 值(Value):设置需要传递的隐藏信息。

隐藏域的语法格式如下:

```
<input name="hiddenField" type="hidden" id="hiddenField" value="20220001" />
```

5.2.3 复选框和复选框组

1. 创建复选框

复选框允许用户在一组选项中选择一个以上的选项。

(1) 将光标定位在要插入复选框的位置,如定位在"爱好"右侧的单元格里。

(2) 执行以下任一操作:

- 选择"插入"→"表单"→"复选框"菜单命令。
- 在"插入"面板的"表单"选项卡中单击"复选框"按钮。

(3) 选中已插入的复选框,在"属性"面板中设置属性,如图 5-8 所示。复选框属性参数与文本基本相同。

图 5-8 复选框的"属性"面板

复选框的"属性"面板中各参数解释如下。

- Name(复选框名称):输入标识复选框的名称,默认为 checkbox,此例设置为 CheckboxLove。
- Value(选定值):为复选框设定数值,该值将被发送给服务器,此例设置为 1。
- Checked(初始状态):有两种状态,"勾选"表示在页面加载时已选中该选项,"未勾选"正好与其相反。

复选框的语法格式如下：

```
<input name="CheckboxLove" type="checkbox" id="CheckboxLove" value="1"
checked="checked" />
```

2. 创建复选框组

为方便设计人员一次性插入多个复选框，可使用复选框组。

(1) 将光标定位在要插入复选框的位置，如定位在"爱好"右侧的单元格里。

(2) 执行以下任一操作：

● 选择"插入"→"表单"→"复选框组"菜单命令。

● 在"插入"面板的"表单"选项卡中单击"复选框组"按钮。

(3) 弹出"复选框组"对话框，如图 5-9 所示。

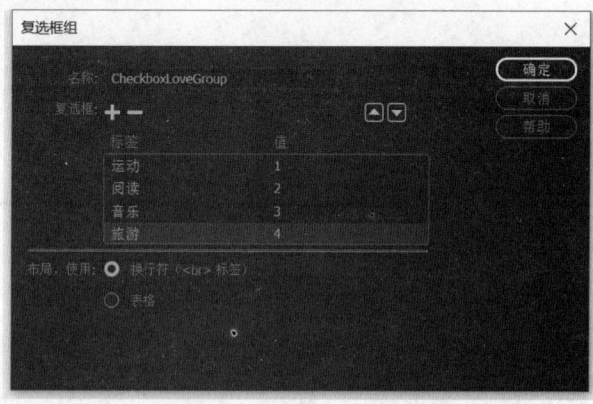

图 5-9 "复选框组"对话框

该对话框中各参数解释如下。

● 名称：用于输入复选框组的名称，默认为 CheckboxGroup1，此例设置为 CheckboxLoveGroup。

● "+"和"-"按钮：用于添加和删除复选框项目。

● 向上和向下箭头：用于调整复选框内容的排序。

● 布局，使用：用于设置对复选框进行布局时使用的格式，有换行符(
标签)和表格两种格式。

复选框组的语法格式如表 5-1 所示。

表 5-1 复选框组的语法格式

行　号	HTML 代码
1	<label>
2	<input type="checkbox" name="CheckboxLoveGroup" value="1"
3	id="CheckboxLoveGroup_0">
4	运动</label>
5	
6	<label>

续表

行 号	HTML 代码
7	<input type="checkbox" name="CheckboxLoveGroup" value="2"
8	id="CheckboxLoveGroup_1">
9	阅读</label>
10	
11	<label>
12	<input type="checkbox" name="CheckboxLoveGroup" value="3"
13	id="CheckboxLoveGroup_2">
14	音乐</label>
15	
16	<label>
17	<input type="checkbox" name="CheckboxLoveGroup" value="4"
18	id="CheckboxLoveGroup_3">
19	旅游</label>
20	

5.2.4 单选按钮和单选按钮组

1. 创建单选按钮

单选按钮是指在多个选项中只能选择一项。

(1) 将光标定位在要插入单选按钮的位置,如定位在"性别"右侧的单元格里。

(2) 执行以下任一操作:

● 选择"插入"→"表单"→"单选按钮"菜单命令。

● 在"插入"面板的"表单"选项卡中单击"单选按钮"按钮。

(3) 选中已插入的单选按钮,在"属性"面板中设置属性,如图 5-10 所示。单选按钮的属性参数与文本基本相同。

图 5-10 单选按钮的"属性"面板

单选按钮的"属性"面板中各参数解释如下。

● Name(单选按钮名称):输入单选按钮的名称,默认为 radio,此例修改为 RadioSex。

● Value(选定值):为单选按钮设定数值,该值将被发送给服务器,此例设置为 M。

● Checked(初始状态):有两种状态,"已勾选"表示在页面加载时已选中该选项,"未勾选"正好与其相反。

单选按钮的语法格式如下：

```
<input name="RadioSex" type="radio" id="radio" value="M" checked="checked" />
```

2. 创建单选按钮组

使用单选按钮组，可以创建一组名称相同的单选按钮，方法与创建复选框组相同。"单选按钮组"对话框如图 5-11 所示。

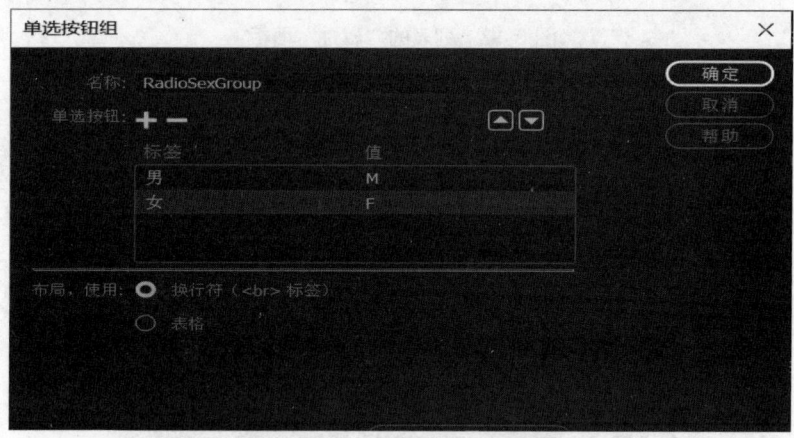

图 5-11　"单选按钮组"对话框

单选按钮组的语法格式如表 5-2 所示。

表 5-2　单选按钮组的语法格式

行　号	HTML 代码
1	`<label>`
2	`  <input type="radio" name="RadioSexGroup" value="M" id="RadioSexGroup_0">`
3	`  男</label>`
4	`   `
5	`  <label>`
6	`  <input type="radio" name="RadioSexGroup" value="F" id="RadioSexGroup_1">`
7	`  女</label>`
8	`   `

5.2.5　列表

1. <select>

列表<select>以下拉列表的形式显示多个选项，一般在所选范围固定的情况下使用，如政治面貌、年、月、日等。

(1) 将光标定位在要插入列表的位置，如定位在"政治面貌"右侧的单元格里。

(2) 执行以下任一操作：

● 选择"插入"→"表单"→"选择"菜单命令。

● 在"插入"面板的"表单"选项卡中单击"选择"按钮。

(3) 选中插入的选择,在"属性"面板中设置属性,如图 5-12 所示。

图 5-12 列表的"属性"面板

列表的"属性"面板中各参数解释如下。

● Name(选择名称):为列表/菜单输入名称,默认为 select。

● Selected(列表值):单击"列表值"按钮,会弹出"列表值"对话框,如图 5-13 所示。在"列表值"对话框中,"+"按钮表示增加项目,"-"按钮表示删除项目。单击向上或向下箭头按钮,可重新排列表中项目的排列顺序。

图 5-13 "列表值"对话框

列表的语法格式如表 5-3 所示。

表 5-3 <select>列表的语法格式

行 号	HTML 代码
1	<label for="selectMM">政治面貌:</label>
2	<select name="selectMM" id="selectMM">
3	<option value="1" selected="selected">团员</option>
4	<option value="2">党员</option>
5	<option value="3">群众</option>
6	</select>

2.<datalist>

<datalist> 标签定义选项列表。应与 input 元素配合使用该元素,来定义 input 可能的值。datalist 及其选项不会被显示出来,它仅仅是合法的输入值列表。

基本语法如下:

```
<input type="text" list="要绑定的datalist的id" name="名称">
    <datalist id=列表id>
```

```
            <option label="列表项的说明 1"  value="列表项的值 1">
            <option label="列表项的说明 n"  value="列表项的值 n">
        </datalist>
```

语法说明如下。

(1)　<input>的 list 属性要设定为<datalist>的 id 值。

(2)　在设置 option 时，必须设置 value 属性，label 属性可省略。

(3)　<datalist></datalist>标记只用来标记列表的区域范围。

本例使用<datalist>列表，当用户在文本框中输入时，输入表单下面就会显示出列表供用户参考，如图 5-14 所示。

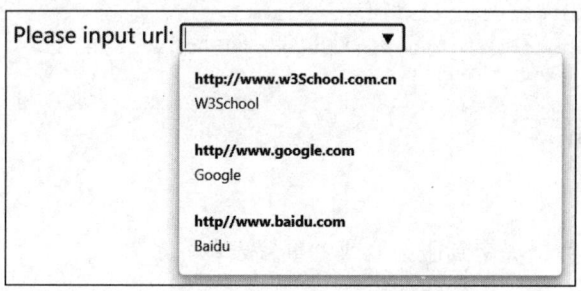

图 5-14　datalist 预览效果

选项列表的语法格式如表 5-4 所示。

表 5-4　<datalist>选项列表的语法格式

行　号	HTML 代码
1	Please input url:
2	<input type="url" list="url_list" name="link"/>
3	<datalist id="url_list">
4	<option label="W3School"　value="http://www.w3School.com.cn">
5	<option label="Google" value="http//www.google.com"/>
6	<option label="Baidu" value="http//www.baidu.com"/>
7	</datalist>

5.2.6　文件

使用文件，用户可以浏览计算机上的某个文件，并可将文件作为表单数据上传。可手动输入要上传的文件路径，也可以使用"浏览"按钮选择文件。

(1)　将光标定位在要插入文件的位置，如定位在"上传照片"右侧的单元格里。

(2)　执行以下任一操作：

● 选择"插入"→"表单"→"文件"菜单命令。

● 在"插入"面板的"表单"选项卡中单击"文件"按钮。

(3)　选择插入的文件，在"属性"面板中设置文件名称等，如图 5-15 所示。

图 5-15　文件的"属性"面板

提示:　Multiple: 布尔属性,如果设置,表示可同时选中列表中的多个数据项,多选时,按住 Ctrl 键逐个选取。

文件的语法格式如下:

```
<label for="photoField">上传照片:</label>
<input name="photoField" type="file" id="photoField">
```

5.2.7　各类按钮

1. 按钮

按钮可以将表单数据提交到服务器或者重置表单。

(1)　将光标定位在要插入按钮的位置。

(2)　执行以下任一操作:

● 　选择"插入"→"表单"→"按钮"菜单命令。

● 　在"插入"面板的"表单"选项卡中单击"按钮"按钮。

(3)　选择插入的按钮,在"属性"面板中设置按钮名称等,如图 5-16 所示。

图 5-16　按钮的"属性"面板

按钮的"属性"面板中各项参数解释如下。

● 　Name(按钮名称): 为按钮输入一个名称,用于唯一标识该按钮,默认为 button。

● 　Value(值): 输入显示在按钮上的文本内容。

按钮的语法格式如下:

```
<input type="button" onclick="alert('Hello World!')" value="Click Me!">
```

2. 提交与重置按钮

(1)　将光标定位在要插入按钮的位置。

(2)　执行以下任一操作:

● 　选择"插入"→"表单"→"提交按钮"菜单命令。

● 　在"插入"面板的"表单"选项卡中单击"提交按钮"按钮。

(3)　选择插入的按钮,在"属性"面板中设置按钮名称等,如图 5-17 所示。

图 5-17 提交按钮的"属性"面板

提交按钮的"属性"面板中各参数解释如下，其他详见文本属性的介绍。

- Form Action：定义提交表单时要执行的操作。
- Form Method：规定在提交表单时所用的 HTTP 方法(默认为 GET)。
- Form Enc Type：规定被提交数据的编码(默认为 url-encoded)。
- Form Target：规定提交表单后在何处显示响应，默认值为 _self，响应将在当前窗口中打开。

(4) 同理，完成重置按钮。

提交按钮与重置按钮的语法格式如下：

```
<input type="submit" name="submit" id="submit" value="提交">
<input type="reset" name="reset" id="reset" value="重置">
```

3. 图像按钮

图像按钮是指用在提交按钮位置的图像，使得这幅图像具有按钮的功能。一般来说，为了使网页按钮不让人觉得单调或者不破坏网页整体美观，可选择图像按钮。

(1) 将光标定位在要插入图像按钮的位置。

(2) 执行以下任一操作：

- 选择"插入"→"表单"→"图像按钮"菜单命令。
- 在"插入"面板的"表单"选项卡中单击"图像按钮"按钮。

(3) 弹出"选择图像源文件"对话框，选择图像并单击"确定"按钮后，则向表中添加了一幅图像，如图 5-18 所示。

图 5-18 图像按钮的"属性"面板

图像按钮的语法格式如下：

```
<input type="image" name="imageField" id="imageField" src="images/OK.png" />
```

提示： 图像按钮也有 alt 属性，可对图像进行文本说明。

5.2.8 标签

可以把表单文字设置为标签，并使用 for 属性使其与表单组件相关联，<label> 标签的 for 属性应该等于相关元素的 id 元素，增加表单组件的可访问性。当用户点击 label 元素内的文本时，就会切换到控件本身。读者可自行在操作环境中结合表单对象操作试试预览效果。

标签的语法格式如下：

```
<label for="male">Male</label>
<input type="radio" name="sex" id="male" value="male" />
<label for="female">Female</label>
<input type="radio" name="sex" id="female" value="female" />
```

5.2.9　字段集

字段集可提供一个区域放置表单元件，对表单进行分组，如图 5-19 所示。

图 5-19　字段集的预览效果

其语法格式如下：

```
<fieldset>
<legend>基本信息</legend>
</fieldset>
```

提示：　fieldset 意为字段集，用于对表单进行分组，一个表单可以有多个 fieldset。legend 说明每组的内容描述，一般默认显示在左上角。</legend>标签后放置具体需要归类的内容。

5.3　HTML5 的新增对象

HTML5 新增了 number、color、range、date、datetime、datetime-local、month、week、time、email、search、tel、url 等对象。

5.3.1　输入类型：number

<input type="number"> 用于应该包含数字值的输入字段，能够对数字做出限制，根据浏览器支持，限制可应用到输入字段。效果如图 5-20 所示。

根据浏览器的不同，数值约束会应用到输入字段中。

数量（1 到 5 之间）：　5

图 5-20　number 的预览效果

number 的语法格式如下：

```
<p>根据浏览器的不同，数值约束会应用到输入字段中。</p>
  数量(1~5)：<input type="number" name="quantity" min="1" max="5">
```

5.3.2　输入类型：color

<input type="color"> 用于应该包含颜色的输入字段。根据浏览器支持，颜色选择器会出现在输入字段中。效果如图 5-21 所示。

Select your favorite color: ████

图 5-21　color 的预览效果

color 的语法格式如下：

```
Select your favorite color:
<input type="color" name="favcolor">
```

5.3.3　输入类型：range

<input type="range"> 用于应该包含一定范围内的值的输入字段。根据浏览器支持，输入字段能够显示为滑块控件。效果如图 5-22 所示。

Range:

图 5-22　range 的预览效果

range 的语法格式如下：

```
<label for="range">Range:</label>
<input type="range" name="points" min="1" max="10" step="1" value="1">
```

5.3.4　输入类型：date

<input type="date"> 用于应该包含日期的输入字段。根据浏览器支持，日期选择器会出现在输入字段中。效果如图 5-23 所示。

Enter a date before 2030-12-31: 2025/05/28
Enter a date after 2021-07-01: 2023/01/31

图 5-23　date 的预览效果

date 的语法格式如下：

```
Enter a date before 2030-12-31:
<input type="date" name="bday" max="2030-12-30"><br>
Enter a date after 2021-07-01:
<input type="date" name="bday" min="2021-07-02">
```

5.3.5 输入类型：month、week、time、datetime-local

<input type="month"> 允许用户选择月份和年份。根据浏览器支持，月份选择器会出现在输入字段中。week、time、datetime-local 同理。效果如图 5-24 所示。

图 5-24　月、周、时间、日期、当地日期的预览效果

语法格式如表 5-5 所示。

表 5-5　month、week、time、datetime-local 的语法格式

行　号	HTML 代码
1	`<p>`
2	`  <label for="week">Week:</label>`
3	`  <input type="week" name="week" id="week">`
4	`</p>`
5	`  <p><label for="time">Time:</label>`
6	`  <input type="time" name="time" id="time">`
7	`</p>`
8	`<p>`
9	`  <label for="date">Date:</label>`
10	`  <input type="date" name="date" id="date">`
11	`  </p>`
12	`  <p>`
13	`  <label for="datetime-local">DateTime-Local:</label>`
14	`  <input type="datetime-local" name="datetime-local" id="datetime-local">`
15	`  </p>`

5.3.6 输入类型：email

<input type="email"> 用于应该包含电子邮件地址的输入字段。根据浏览器支持，能够

在被提交时自动对电子邮件地址进行验证。

email 的语法格式如下：

```
<label for="email">Email:</label>
<input type="email" name="email" id="email">
```

5.3.7　输入类型：search

<input type="search"> 用于搜索字段(搜索字段的表现类似于常规文本字段)。

search 的语法格式如下：

```
<label for="search">Search:</label>
<input type="search" name="search" id="search">
```

5.3.8　输入类型：tel

<input type="tel"> 用于应该包含电话号码的输入字段。

tel 的语法格式如下：

```
<label for="tel">Tel:</label>
<input type="tel" name="tel" id="tel">
```

5.3.9　输入类型：url

<input type="url"> 用于应该包含 URL 地址的输入字段。根据浏览器支持，在提交时能够自动验证 url 字段。

url 的语法格式如下：

```
<label for="url">Url:</label>
<input type="url" name="url" id="url">
```

5.4　使用行为验证表单

表单在提交到服务器端以前，必须进行验证，以确保输入数据的合法性。本节将使用检查表单行为来验证表单。

检查表单行为(选择"窗口"→"行为"菜单命令，组合键为 Shift+F4)主要是指检查指定文本域的内容，以确保用户输入了正确的数据类型，其中的两种类型如下所示。

- onBlur：鼠标失去焦点事件，将在各文本域失去焦点时对文本域的内容进行检查。
- onSubmit：提交事件，将在用户提交表单的同时对多个文本域进行检查，确保数据的有效性。

如果用户填写表单时需要分别检查各个域，则在设置时需要分别选择各个域；如果用户在提交表单时检查多个域，则需要将鼠标指针置于表单内，单击左下方的"<form>"标签，选中整个表单，然后在"行为"面板中单击■按钮，在弹出的下拉菜单中选择"检查表单"命令，打开"检查表单"对话框进行参数设置，如图 5-25 所示。

图 5-25   "检查表单"对话框

"检查表单"对话框的各项参数说明如下。

● 域：列出表单中所有的文本域和文本区域供选择。

● 值：如选中"必需的"复选框，则表示域文本框中必须输入内容，不能为空。

● 可接受：包括 4 个单选按钮。"任何东西"表示输入的内容不受限制；"数字"
表示仅接收数字；"电子邮件地址"表示仅接收电子邮件地址格式的内容；"数
字从…到…"表示仅接收指定范围内的数字。

在"标签检查器"面板的"行为"选项卡中选择事件 onClick，如图 5-26 所示，预览网
页，单击"提交"按钮，即可完成对昵称、密码的检查，弹出如图 5-27 所示的对话框。

图 5-26   "行为"选项卡

图 5-27   提示用户名、密码等不能为空

5.5 实例演示

5.5.1 实例情景——制作邮箱注册单网页

制作一个邮箱注册单网页，要求采用布局技术、表单控件实现相应注册信息的填写。

5.5.2 实例效果

邮箱注册单网页的预览效果如图 5-28 所示。

图 5-28　邮箱注册单网页的预览效果

5.5.3 实现方案

1. 操作思路

准备好图片素材，利用表格进行布局，在各单元格利用相应表单元素完成预览效果，利用行为增添网页验证效果。

👉 提示：　读者也可利用 Div+CSS 完成布局。

2. 操作步骤

(1) 新建网页并保存在本地站点中，命名为 Register.html。

(2) 添加表单，在表单中添加域集，再在域集中添加表格，表格属性设置如下：宽度为 750px，9 行 2 列，居中对齐，填充为 1，间距为 0，边框为 0，如图 5-29 所示。

图 5-29　表格的"属性"面板

(3) 添加表单元素并进行属性设置。

① 在表格第 1 列第 2~9 行分别输入"邮箱账号""昵称""密码""确认密码""性别""生日""验证码"等，并设置单元格水平方向右对齐。

② 在"邮箱账号"后面的单元格后面添加电子邮件。

③ 在"昵称"后面的单元格中添加文本对象，设置字符宽度为20。

④ 在"密码"后面的单元格中添加密码对象，在属性对话框中设置 Max Length=8。

⑤ 在"确认密码"后面的单元格中添加密码对象，在属性对话框中设置 Max Length=8。

⑥ 在"性别"后的合并单元格中添加单选按钮组，内容为男和女，已勾选男，其他属性保持默认设置。

⑦ 在"生日"后的合并单元格中添加日期对象。

⑧ 在"验证码"后的合并单元格中添加文本对象，在属性对话框中设置 Max Length=4。按 Ctrl+Alt+I 组合键，添加图片对象，输入相应的提示信息，如图 5-28 所示。

⑨ 合并第 8 行的 2 个单元格，设置水平居中对齐，勾选复选框，并在其后输入相应的提示信息，如图 5-28 所示。

⑩ 合并第 9 行的 2 个单元格，设置水平居中对齐，单击图像按钮，在站点目录中选择 Register.png。

⑪ 参照 5.4 节设置行为验证表单。

Register.html 页面中的代码如表 5-6 所示。

表 5-6　Register.html 页面中的代码

行　号	含 JavaScript 脚本的 HTML 代码
1	<!doctype html>
2	<html>
3	<head>
4	<meta charset="utf-8">
5	<title>邮箱注册网页</title>
6	<script type="text/javascript">
7	function MM_validateForm() { //v4.0
8	if (document.getElementById){
9	var i,p,q,nm,test,num,min,max,errors='',args=MM_validateForm.arguments;
10	for (i=0; i<(args.length-2); i+=3) { test=args[i+2]; val=document.getElementById(args[i]);
11	if (val) { nm=val.name; if ((val=val.value)!="") {
12	if (test.indexOf('isEmail')!=-1) { p=val.indexOf('@');
13	if (p<1 || p==(val.length-1)) errors+='- '+nm+' must contain an e-mail address.\n';
14	} else if (test!='R') { num = parseFloat(val);
15	if (isNaN(val)) errors+='- '+nm+' must contain a number.\n';
16	if (test.indexOf('inRange') != -1) { p=test.indexOf(':');
17	min=test.substring(8,p); max=test.substring(p+1);
18	if (num<min || max<num) errors+='- '+nm+' must contain a number between
19	'+min+' and '+max+'.\n';
20	} } } else if (test.charAt(0) == 'R') errors += '- '+nm+' is required.\n'; }
21	} if (errors) alert('The following error(s) occurred:\n'+errors);
22	document.MM_returnValue = (errors == '');

行　号	含 JavaScript 脚本的 HTML 代码
23	`}}`
24	`</script>`
25	`</head>`
26	`<body>`
27	`<form action="" method="post" name="form1" id="form1"`
28	`onClick="MM_validateForm('usaername','','R','password','','R','password2','','R');return`
29	`document.MM_returnValue">`
30	`<fieldset><legend>邮箱注册</legend>`
31	`<table width="750" border="0" align="center" cellpadding="1" cellspacing="0">`
32	`<tr>`
33	`<td align="right" valign="middle">邮箱账号</td>`
34	`<td　valign="middle">`
35	`<input type="email" name="email" id="email"></td>`
36	`</tr>`
37	`<tr>`
38	`<td align="right" valign="middle">昵称</td>`
39	`<td>`
40	`<input name="username" type="text" id="usaername" maxlength="16"></td>`
41	`</tr>`
42	`<tr>`
43	`<td align="right" valign="middle">密码</td>`
44	`<td>`
45	`<input name="password" type="password" id="password" maxlength="8"></td>`
46	`</tr>`
47	`<tr>`
48	`<td align="right" valign="middle">确认密码</td>`
49	`<td>`
50	`<input type="password" name="password2" id="password2"></td>`
51	`</tr>`
52	`<tr>`
53	`<td align="right" valign="middle">性别</td>`
54	`<td><span id="spryradio1">`
55	`</span> <p>`
56	`<label>`
57	`<input name="CheckboSexxGroup1" type="checkbox" id="CheckboSexxGroup1_0"`
58	`value="M" checked="checked">`
59	`男</label>`

续表

行　　号	含 JavaScript 脚本的 HTML 代码
60	`<label>`
61	`<input type="checkbox" name="CheckboSexxGroup1" value="F"`
62	`id="CheckboSexxGroup1_1">`
63	女`</label>`
64	`</p></td>`
65	`</tr>`
66	`<tr>`
67	`<td align="right" valign="middle">`生日`</td>`
68	`<td>`
69	`<input type="date" name="date" id="date"></td>`
70	`</tr>`
71	`<tr>`
72	`<td align="right" valign="middle">`验证码`</td>`
73	`<td>`
74	`<input type="text" name="yzm" id="yzm">`
75	`<img src="images/yzm.png" width="49" height="20" alt=""/>`请输入图中的字母，不
76	区分大小写，不清楚换一张。`<a href="#">`点击换一张`</a></td>`
77	`</tr>`
78	`<tr>`
79	`<td height="30" colspan="2" align="center"><input name="checkbox" type="checkbox"`
80	`id="checkbox" checked="checked" />`
81	我已阅读并同意相关服务条款和隐私政策`</td>`
82	`</tr>`
83	`<tr>`
84	`<td colspan="2" align="center"><input type="image" name="imageField"`
85	`id="imageField" src="images/Register.png" /></td>`
86	`</tr>`
87	`</table>`
88	`</fieldset>`
89	`</form>`
90	`</body>`
91	`</html>`

表 5-6 中的关键代码解释如下。

第 6~24 行：行为验证表单的 JavaScript 脚本。

第 27~29：单击按钮进行行为验证。

第 30 行和第 88 行：表示域集开始与结束。

第 31 行和第 87 行：9 行 2 列，宽为 750 的布局表格。

第 32 行和第 86 行：表单元素添加与属性设置。

5.6　任务训练

5.6.1　训练目的

(1)　练习在网页中插入表单及表单对象。

(2)　练习进行表单元素属性的设置。

(3)　练习运用表单及表单对象制作网页。

(4)　练习运用 CSS 美化网页。

5.6.2　训练内容

(1)　制作用户调查表，利用所学的表单控件完成网页预览效果，如图 5-30 所示。

用户调查表

提交个人相关资料

用户名：　　　　　　　　　　　　　性别：◉ 男 ◉ 女

年龄：[0-18岁　▾]　　　　　　　您的背景：[请选择：　　▾]

您喜欢的即时通讯软件？

☐ QQ　☐ 飞信　☐ MSN

您对网站的建议：

非常感谢您的参与，请留下联系方式，便于我们联系或给您邮寄礼品！

真实姓名：　　　　　　　　　　邮编：

您的真实地址：

现在提交？　　　[提交]　　[重填]

图 5-30　用户调查表的预览效果

(2)　账号注册，要求运用 CSS 样式完成网页预览效果，如图 5-31 所示。

登录账号：	
登录密码：	
确认密码：	
电子邮件：	
	提交

图 5-31   账号注册的预览效果

(3) 在线作业系统用户登录与用户调查，网页预览效果如图 5-32 所示。

图 5-32   在线作业系统用户登录与用户调查网页的预览效果

5.7 知 识 拓 展

(1) 怎样使用户可直接在有提示信息的文本域中输入内容？

答：如果在表单文本域中加入了提示信息，用户要在该文本域中输入信息，往往需要用鼠标选中文本域中的提示信息将其删除，再输入有用信息。也可添加行为，设置文本域文字为空，即在<textarea>标签中输入代码 onfocus="MM_setTextOfTextfield('selfintro',',')"即可。

(2) 如何修改表单为弹出窗口？

答：大多数表单激活后，会在当前页面中打开，影响正常浏览。在表单的"属性"面板中将"目标"设置为_blank，即可将该表单修改为弹出窗口。

单 元 测 试

1. 下面的选项中，表单的标签是(   )。

A. <html>   B. <body>   C. <frame>   D. <form>

2. 下面不可以作为文本域类型的是(　　)。

    A. 单行　　　　　B. 多行　　　　　C. 多列　　　　　D. 密码

3. 在表单对象中，(　　)也是一种链接形式。

    A. 按钮　　　　　B. 列表　　　　　C. 文本　　　　　D. 文件

4. Dreamweaver CC 2019 设计表单时，"照片"项应使用的表单元素是(　　)。

    A. 单选按钮　　　B. 文本区域　　　C. 文件　　　　　D. 图像域

5. Dreamweaver CC 2019 设计表单时，"反馈意见"应使用的表单元素是(　　)。

    A. 文本　　　　　B. 文本区域　　　C. 文件　　　　　D. 域集

6. Dreamweaver CC 2019 设计表单时，要求用户名不能超过 8 个字符(4 个汉字)，下列选项中文本域设置正确的是(　　)。

    A. 将文本域的字符宽度设置为 8　　　B. 将文本域的最大字符数设置为 4

    C. 将文本域的初始值设置为 4　　　　D. 将文本域的最大字符数设置为 8

学 习 评 价

评价项目	评价内容	分　值	得　分
表单	表单基本知识	10	
基本表单对象	掌握表单基本对象的操作及代码	30	
新增表单对象	掌握表单新增对象的操作及代码	40	
行为验证表单	掌握行为验证表单的方法	10	
职业素养	温故知新、举一反三	10	
合　计			

第6章
认识行为特效

【学习目标】

● 掌握在网页中加入行为特效的方法

● 掌握在网页中调用 JavaScript 脚本的方法

● 掌握利用行为创设不同网页效果的方法

利用 Dreamweaver 自带的"行为"面板，可以为网页制作一些特殊的效果，如交换图像、弹出消息、设置状态栏文本、显示/隐藏元素等。这些特效能够丰富页面的内容，给用户耳目一新的感觉。

6.1 认 识 行 为

行为是 Dreamweaver 中一款功能非常强大的工具。为了增加网页的特效，可以编写JavaScript 代码；但是更复杂的效果是通过一个叫行为(Behaviors)的功能实现的，又称为事件的响应，如光标的移动、点击等事件(Events)，触发弹出窗口、关闭页面等响应(Actions)。

6.1.1 行为的基本概念

一般来说，动态网页或一些特殊效果，如弹出信息框、播放音乐、禁止鼠标右键、自动跳转等，是通过 JavaScript 或基于 JavaScript 的 DHTML 代码实现的。包含 JavaScript 脚本的网页，能够实现用户与页面的简单交互。但是编写脚本既复杂又专业，需要专门学习。幸运的是，Dreamweaver 提供了一种称为行为(Behavior)的机制。虽然行为也是基于 JavaScript 实现动态网页和交互，但却不需要书写任何代码，在可视化环境中单击几个按钮、输入几个选项，就可以实现丰富的动态页面效果，完成人与页面的简单交互。

1. 行为和事件

行为是对某一对象的操作，它主要表述了对象的动态属性，操作的作用是设置或改变对象的状态，行为最终表现为一种执行的效果。行为(Behavior)是由事件(Event)和动作(Action)组成的。例如，事件是访问者对网页所做的事情，比如把光标移动到一个链接上，产生一个光标经过的事件；这个事件触发浏览器去执行一段 JavaScript 代码，这就是动作；然后产生了 JavaScript 设计的效果，可能是打开窗口，也可能是播放音乐等，这就是行为。与行为相关的有 3 个重要的部分：对象(Object)、事件(Event)和动作(Action)。

1) 对象(Object)

对象是产生行为的主体，很多网页元素都可以成为对象，如图片、文字、多媒体文件等，甚至是整个页面。

2) 事件(Event)

事件是触发动态效果的原因，它可以被附加到各种页面元素上，也可以被附加到 HTML标记中。一个事件总是针对页面元素或标记而言的，将光标移到图片上(onMouseOver)、把光标放在图片之外(onMouseOut)、单击鼠标(onClick)，是与鼠标有关的 3 个最常见事件。不同的浏览器支持的事件种类和多少是不一样的，通常高版本的浏览器支持更多的事件。

3) 动作(Action)

行为通过动作来完成动态效果，如图片翻转、打开浏览器、播放声音都是动作。动作通常是一段 JavaScript 代码，在 Dreamweaver 中可以使用内置的行为向页面中添加 JavaScript 代码，不必自己编写。

2. 事件与动作

将事件和动作组合起来就构成了行为，例如，将 onClick 行为事件与一段 JavaScript 代码相关联，单击鼠标时就可以执行相应的 JavaScript 代码(动作)。一个事件可以同多个动作相关联，即发生事件时可以执行多个动作。

Dreamweaver 内置了许多行为动作，是一个现成的 JavaScript 库。除此之外，第三方厂商提供了更多的行为库，下载并在 Dreamweaver 中安装行为库中的文件，可以获得更多的可操作行为。如果用户很熟悉 JavaScript 语言，也可以自行设计新动作，并添加到 Dreamweaver 中。

6.1.2　"行为"面板

选择"窗口"→"行为"菜单命令，或按组合键 Shift+F4，可以调出"行为"面板，如图 6-1 所示。

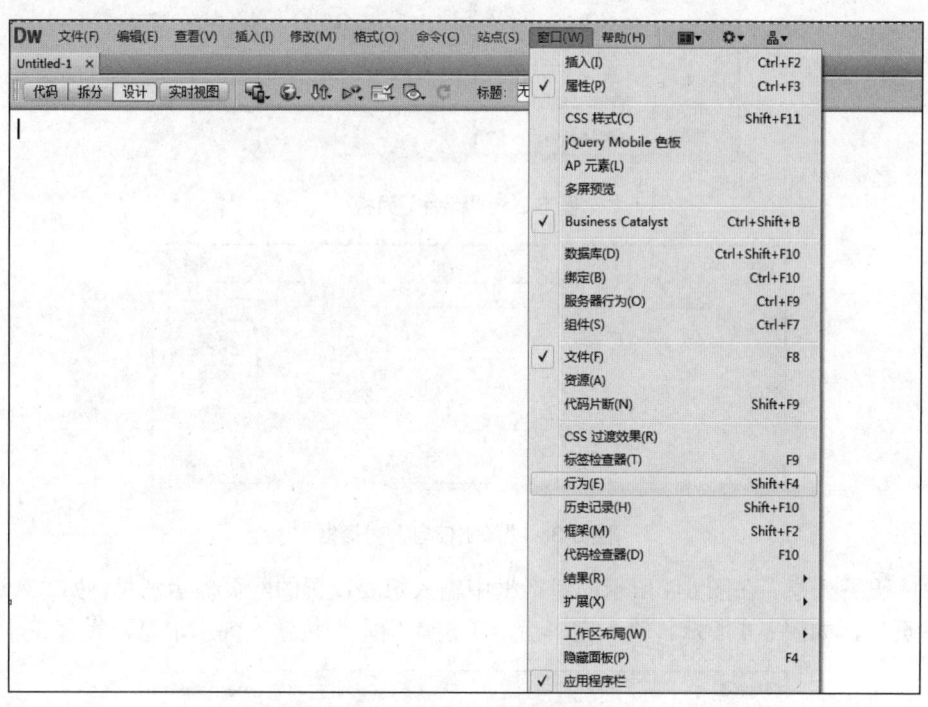

图 6-1　调出"行为"面板

调出后的"行为"面板在 Dreamweaver CC 2019 窗口的右上角，单击"行为"面板上的"+"按钮，即可添加相应的行为，如图 6-2 所示。

6.1.3　添加行为的步骤

行为作用于对象上，所以在添加行为之前，首先要确定对象。这里以弹出消息为例，讲解添加行为特效的操作步骤。

(1) 选择对象。单击窗口左下角标签选择器内的 body，即选择了行为对象。

(2) 添加行为。单击"行为"面板上的"+"按钮，选择"弹出消息"命令，将会出现如图 6-3 所示的对话框。

图 6-2　"行为"面板

图 6-3　"弹出信息"对话框

(3) 设置消息。在图 6-3 所示的对话框中输入想要设置的网页提示消息,如"欢迎光临我的网页",如图 6-4 所示。输入完毕后,单击"确定"按钮,弹出消息,设置完毕。

图 6-4　输入消息

(4) 设置完毕后,即可在"行为"面板上生成"弹出信息"行为,如图 6-5 所示。默认触发该行为的事件是 onLoad,单击 onLoad 右侧的下拉按钮,可以修改触发行为的事件。这里不做改动。

图 6-5　设置行为后的"行为"面板

(5) 保存上述设置，预览页面。加载后，即弹出消息框，效果如图 6-6 所示。

图 6-6　行为的演示效果

6.1.4　修改行为

在"行为"面板上完成对已设置的行为特效进行修改。

1. 修改行为的效果

除前面已经讲过的修改触发行为的事件以外，还可以对行为本身进行修改。这里还是以"欢迎光临我的网页"为例。双击"行为"面板上的"弹出信息"行为，弹出"弹出信息"对话框，如图 6-7 所示。选择文本框中的文字并进行修改，单击"确定"按钮，即可保存修改。

2. 其他修改行为

如图 6-8 所示，在"行为"面板的上部，单击"-"按钮，可以删除已设置的行为；单击"-"右侧的上下箭头按钮，可以调整现有行为的排列顺序。还可以在该面板上选择显示部分或全部行为，读者可自行尝试。

图 6-7　"弹出信息"对话框

图 6-8　设置"行为"面板

6.2 使用内置行为

通过设置内置行为，可以使网页的内容更加丰富。Dreamweaver 提供的内置行为很丰富，接下来详细介绍。

6.2.1 交换图像

使用内置行为——
交换图像

在 Dreamweaver 的行为命令中，有些应用在图像中能够很好地表现出效果，例如，交换图像、改变属性与拖动 AP 元素等行为命令。

交换图像行为既可以将一张图像与另一张图像进行交换，也可以交换多个图像。与"鼠标经过图像"命令不同的是，使用"交换图像"行为之前，必须先插入图片并将其选中作为行为的对象。单击"行为"面板中的"添加行为"按钮 +，选择"交换图像"命令，弹出如图 6-9 所示的对话框，在"图像"列表框中选中需要设置交换图像的对象，单击"设定原始档为"右侧的"浏览"按钮，在如图 6-10 所示的对话框中选择一张新图片，单击"确定"按钮即可。

图 6-9　选择交换图像的对象

交换图像默认的事件为 onMouseOver 和 onMouseOut，即光标经过和光标离开时触发行为，如图 6-11 所示。

保存文档以后按 F12 键打开窗口，当光标指向图像时，图像变化为另一张图像；当光标移开图像时，恢复为原来的图像，如图 6-12 所示。

6.2.2 弹出消息

弹出消息行为在前面已经介绍过，可参照 6.1.3 小节学习。

图 6-10 设置新图片

图 6-11 产生交换图像后的"行为"面板

图 6-12 交换图像的效果

6.2.3 打开浏览器窗口

使用打开浏览器窗口行为可以打开一个新的窗口，用来显示链接目标文件等。这个窗口的属性可以由用户设置，如窗口大小、是否有状态栏以及窗口的名字等。

打开浏览器窗口动作主要用于浏览大的图像。如果网页上要显示许多让访问者浏览的图像，可以先将这些图像做成尺寸较小的缩略图标，以便让访问者能够快速看到图片效果。当访问者单击其中的一个图片时，会在一个新窗口中触发该动作，以显示原图像文件。

在页面中选中一个对象后，单击"行为"面板中的"添加行为"按钮 ，选择"打开浏览器窗口"命令。在打开的"打开浏览器窗口"对话框中设置想要显示的窗口信息以及要显示的文件或者网页即可，如图 6-13 所示。

保存文档后按 F12 键打开窗口，单击其中的一张图像后，弹出一个固定大小的窗口，但是如果没有设置窗口宽度与高度，则会根据其中图像的大小显示滚动条，如图 6-14 所示。

图 6-13 "打开浏览器窗口"对话框

图 6-14 打开浏览器窗口行为的运行效果

6.2.4 转到 URL

前面讲到,单击网页上的缩略图像可以打开新的窗口,转到 URL 也是同样的效果:单击网站中的一个元素,可以跳转至元素指向的 URL 地址。

在如图 6-15 所示的页面中选择文字"百度搜索",在"属性"面板"链接"文本框中输入"https://www.baidu.com/",回到"拆分"窗口中,保存文档后按 F12 键打开窗口。单击"百度搜索"文字,网页将转到百度搜索页面运行。

图 6-15 转到 URL 行为的设置

6.2.5 拖动 AP 元素

拖动 AP 元素行为，可以让访问者拖动绝对定位的 AP 元素。使用此行为，可以创建拼图游戏、滑块控件和其他移动的界面元素。在添加该行为之前，需要在页面中创建 AP 元素，并在其中插入图像或者输入文本。然后选中<body>标签，在"行为"面板中单击"添加行为"按钮 ，选择"拖动 AP 元素"命令，设置其中的"放下目标"与"靠齐距离"选项即可，如图 6-16 所示。

图 6-16 拖动 AP 元素行为的设置

保存文档后，按 F12 键打开预览窗口，单击并拖动 AP 元素中的图像，可以随意移动该图像。这里将该图像拖动到右侧，使其形成完整的图像，如图 6-17 所示。

6.2.6 设置状态栏文本

设置状态栏文本行为可以设置浏览器窗口状态栏中显示的当前状态提示信息，就像光标经过一个链接时，状态栏显示的链接地址一样。选中<body>标签，单击"行为"面板中的"添加行为"按钮 ，选择"设置文本"→"设置状态栏文本"命令，在弹出的对话框中设置状态栏文本信息，如图 6-18 所示。

(a) 拖动前

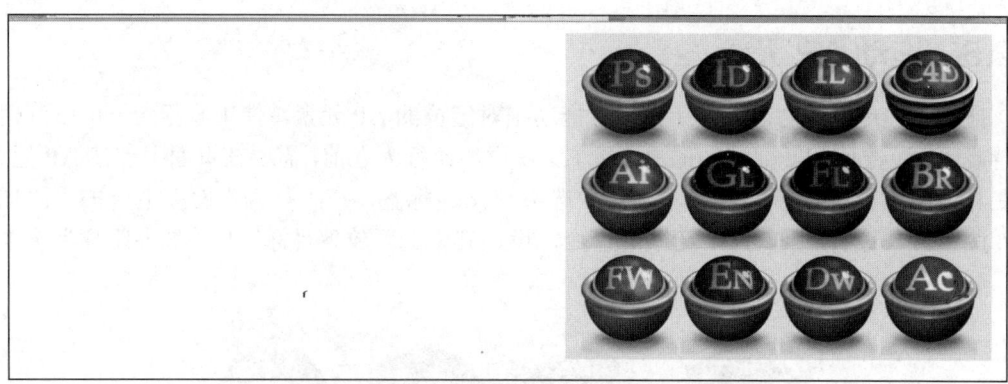

(b) 拖动后

图 6-17　使用拖动 AP 元素行为来改变元素的位置

图 6-18　"设置状态栏文本"对话框

设置完毕后保存页面，默认情况下触发该行为的事件为 onMouseOver，用户可以根据需要修改为其他事件。按 F12 键预览该页面，即可看到页面底部状态栏内显示的文本，如图 6-19 所示。

图 6-19　状态栏文本显示

6.2.7　改变属性

改变属性行为用来动态地改变某个对象的属性，如改变 AP 元素背景与图像大小等。要添加该行为，必须选中一个对象，并且为该图像设置 ID。单击"行为"面板中的"添加行为"按钮 ，在弹出的下拉菜单中选择"改变属性"命令，弹出"改变属性"对话框，设置所选元素的类型、ID、要改变的属性以及新的数值，即可完成操作，如图 6-20 所示。

图 6-20　改变元素的属性

完成后保存文档，按 F12 键打开窗口。初始图像为原始尺寸显示，单击该图像后，图像的宽度缩小为一半，如图 6-21 所示。

图 6-21　改变属性前后的图像宽度显示效果

6.2.8　显示/渐隐

显示/渐隐效果是使网页元素显示或者渐隐的行为。单击"行为"面板上的"添加行为"按钮 ，在弹出的下拉菜单中选择"效果"→"显示/渐隐"命令，弹出如图 6-22 所示的"显示/渐隐"对话框。

完成设置后保存文档，按 F12 键预览效果。发现初始图像为百分之百显示，单击图像后，该图像会逐渐消失为 10%透明度；再次单击图像，该图像会返回百分之百显示，如图 6-23 所示。

图 6-22 设置图片的渐隐效果

图 6-23 图片的渐隐效果显示

提示： ① 要使上述图片渐隐后能够恢复完全显示，需要在图 6-22 中选中"效果"
下拉列表中的"渐隐"选项。若没有选中该选项，效果将有差别，读者可自
行尝试。
② 行为的"效果"菜单中除"显示/渐隐"外，还有诸多选项，如"增大/收
缩""晃动"等。行为的效果虽然差异很大，但设置的方式大同小异，读者
可参照上述步骤自行完成，这里不再赘述。

6.2.9 调用 JavaScript

JavaScript 是一种基于对象和事件驱动并具有安全性能的脚本语
言，它可以直接嵌套在 HTML 页面中，运行时不需要单独编译。由
于它具有跨平台、与操作环境无关、只依赖于浏览器本身等特性，因
此，只要是支持 JavaScript 的浏览器都能正确执行。

使用内置行为——
调用 JavaScript

JavaScript 代码可以嵌入 HTML，并与 HTML 标识符、CSS 样式表相结合，成为 HTML
文档的一部分，能实现网页的动态效果或交互功能。嵌入形式有以下几种。

1. 在 head 部分添加 JavaScript 脚本

将 JavaScript 脚本置于网页 head 部分，使之在其余代码之前加载，快速实现其功能，
并且容易维护。HTML 代码如表 6-1 所示。

使用如表 6-1 所示的代码，在页面进入加载状态后即可弹出消息框，如图 6-24 所示。

表 6-1　head 部分添加的 JavaScript

行　号	HTML 代码
1	\<html>
2	\<head>
3	\<script type="text/javascript">
4	function message()
5	{
6	alert("该提示框是通过 onload 事件调用的。")
7	}
8	\</script>
9	\</head>
10	\<body onload="message()">
11	\</body>
12	\</html>

图 6-24　head 部分添加 JavaScript 后的效果显示

2. 直接在 body 部分添加 JavaScript 脚本

由于某些脚本需要在网页中特定部分显示其效果，此时脚本就会位于 body 中的特定位置，HTML 代码如表 6-2 所示。HTML 表单需要直接在\<input>标签内添加脚本，以响应输入元素的事件，如实现全屏显示。

```
onclick="windows.open(document.location,'big','fullscreen=yes')"
```

表 6-2　body 部分添加的 JavaScript

行　号	HTML 代码
1	\<html>
2	\<head>
3	\</head>
4	\<body>
5	\<script type="text/javascript">
6	document.write("该消息在页面加载时输出。")
7	\</script>
8	\</body>
9	\</html>

包含表 6-2 所示代码的页面,在进入运行状态后,将会在页面中输出相应的内容,如图 6-25 所示。

> 该消息在页面加载时输出。

图 6-25 body 部分添加 JavaScript 后的效果显示

3. 链接 JavaScript 脚本文件

引用外部脚本文件,使用<script>标签的 src 属性来指定外部脚本文件的 URL,文件扩展名为.js。这种可以方法使脚本文件得到重复使用,从而降低维护的工作量。例如:

```
<script type="text/javaScript" src="moveimage.js"></script>
```

HTML 代码如表 6-3 所示。

表 6-3 使用外部 JavaScript

行 号	HTML 代码
1	<html>
2	<head>
3	</head>
4	<body>
5	<script type="text/javaScript" src="moveimage.js">
6	</script>
7	<p>
8	实际的脚本位于名为 "xxx.js" 的外部脚本中。
9	</p>
10	</body>
11	</html>

上述代码的运行结果如图 6-26 所示。

> 实际的脚本位于名为 "xxx.js" 的外部脚本中。

图 6-26 链接外部 JavaScript

JavaScript 是基于对象的语言,它把复杂的对象统一起来,形成一个非常强大的对象系统,其中的浏览器对象主要包括以下几种。

- Navigator 对象:管理着当前浏览器的版本号、运行的平台以及浏览器使用的语言等信息。属性 AppName 提供字符串形式的浏览器名称;属性 AppVersion 返回浏览器的版本号;AppCodeName 返回用字符串表示的当前浏览器的代码名称。
- Window 对象:处于整个从属表的顶级位置,包含许多有用的属性、方法和事件驱动名称,用来控制浏览器窗口的显示。其中,open()方法用于创建一个新的浏览器窗口;close()方法用于关闭浏览器窗口;alert()方法用于弹出一个消息框;confirm()方法用于弹出一个确认框;prompt()方法用于弹出一个提示框。

- Location 对象：包含当前网页的 URL 地址，使用它可以打开某个网页。
- History 对象：包含以前访问过的网页的 URL 地址，使用这个对象可以制作页面中的"前进"和"后退"按钮。
- Document 对象：含有当前网页的各种特性，如标题、背景等。

6.3 实例演示

实例效果

6.3.1 实例情景——用 JavaScript 完成行为特效

设计制作一个简单的页面，在该页面中，用行为特效完成改变容器的颜色、文本以及文本域内文字内容等操作。

6.3.2 实例效果

网页预览效果如图 6-27 和图 6-28 所示。

图 6-27　更改相应选项前网页的预览效果　　图 6-28　更改相应选项后网页的预览效果

在图 6-28 中，单击"刷新"按钮，可以恢复如图 6-27 所示的初始效果；单击"关闭"按钮，可以关掉当前窗口。

6.3.3 实现方案

1. 操作思路

准备好图片素材，先制作出基本的界面，再完成行为特效的功能代码。

2. 操作步骤

(1) 新建网页并保存在本地站点中，将其命名为 xingwei.html。

(2) 添加页面元素，包括 Div 层、文本域、文本内容等。

(3) 设置样式，代码如表 6-4 所示。

表 6-4 xingwei.html 页面中的样式代码

行　号	CSS 代码
1	#apDiv1 { //改变颜色的容器属性
2	position:absolute;
3	left:10px;
4	top:41px;
5	width:140px;
6	height:80px;
7	z-index:1;
8	background-color: #9933CC;
9	}
10	#apDiv2 { //设置文本的容器属性
11	position:absolute;
12	left:174px;
13	top:42px;
14	width:140px;
15	height:80px;
16	z-index:2;
17	background-color: #D9F2FF;
18	}

(4) 设置行为代码,如表 6-5 所示。

表 6-5 xingwei.html 页面中的 JavaScript 脚本代码

行　号	JavaScript 脚本代码
1	function MM_changeProp(objId,x,theProp,theValue) { //v9.0
2	var obj = null; with (document){ if (getElementById)
3	obj = getElementById(objId); }
4	if (obj){
5	if (theValue == true || theValue == false)
6	eval("obj.style."+theProp+"="+theValue);
7	else eval("obj.style."+theProp+"='"+theValue+"'");
8	}
9	}
10	function MM_setTextOfLayer(objId,x,newText) { //v9.0
11	with (document) if (getElementById &&
12	((obj=getElementById(objId))!=null))
13	with (obj) innerHTML = unescape(newText);
14	}
15	function MM_displayStatusMsg(msgStr) { //v1.0

行 号	JavaScript 脚本代码
16	window.status=msgStr;
17	document.MM_returnValue = true;
18	}
19	function MM_setTextOfTextfield(objId,x,newText) { //v9.0
20	with (document){ if (getElementById){
21	var obj = getElementById(objId);} if (obj) obj.value = newText;
22	}
23	}
24	function MM_callJS(jsStr) { //v2.0
25	return eval(jsStr)
26	}

(5) 在页面合适的位置调用上述脚本代码。

① "改变后层的颜色"的代码如下：

```
<p><a href="#" onclick="MM_changeProp('apDiv1','','backgroundColor',
'#FF6600','DIV')">改变后层的颜色 </a>
```

② "设置容器的文本"的代码如下：

```
<a href="#" onclick="MM_setTextOfLayer('apDiv2','','出现在容器里的文本')">
设置容器的文本</a></p>
```

③ "改变文本域文字"的代码如下：

```
<p><a href="#" onclick="MM_setTextOfTextfield('textfield','','请把我放在文
本域中！')">改变文本域文字</a> </p>
```

④ "刷新"按钮的操作代码如下：

```
<p><a href="#" onclick="MM_callJS('Window.location.reload()')">刷新</a>
```

⑤ "关闭"按钮的操作代码如下：

```
<a href="#" onclick="MM_callJS('window.close()')">关闭</a></p>
```

6.4 任 务 训 练

6.4.1 训练目的

(1) 练习在网页中插入文本和图像。
(2) 练习在网页中插入 Flash 动画。
(3) 练习运用行为特效丰富网页的内容并增强视觉效果。

6.4.2 训练内容

完成预览效果如图 6-29 所示的页面。在该页面中实现的有弹出消息、图片的放大/收缩、图片的显示/渐隐、图片的抖动效果等。

图 6-29 练习页面预览效果

6.5 知 识 拓 展

(1) 如何在页面中加入背景音乐，并控制音乐的播放次数为两次？

答：在 HTML 标签内的任何位置，如<body>和</body>之间插入代码"<bgsound src="音频文件的位置" loop="2"/>"即可实现。

(2) 如何用 JavaScript 输出 HTML 标签？

答：运用 Document 对象的 write 方法即可实现，如使用下述代码，即可在页面中输出如图 6-30 所示的效果，这里面就包含了<hn>标签：

```
<html>
<body>
<script type="text/javascript">
document.write("<h1>Hello World!</h1>")
```

```
</script>
</body>
</html>
```

Hello World!

图 6-30 用 JavaScript 生成 HTML 标签

单 元 测 试

1. 下列选项中，参数可以设置视频文件自动播放的是(　　)。

　　A. loop　　　　　　B. hidden　　　　　C. enablejavascript　　　D. autostart

2. 下面(　　)是光标经过事件。

　　A. onMouseDown　　　　　　　　B. onMouseMove

　　C. onMouseOver　　　　　　　　D. onMouseUp

3. 要想实现打开网页就自动弹出信息对话框的效果，必须在设置行为之前，先选中(　　)标签。

　　A. <body>　　　　B. <img>　　　　C. <font>　　　　　D. <table>

4. 选择网页中的图像，为其添加单击时图像不停摇动的效果，应选择添加"行为"→"效果"子菜单中的(　　)命令。

　　A. 挤压　　　　　B. 晃动　　　　C. 滑动　　　　　　D. 遮帘

学 习 评 价

评价项目	评价内容	分 值	得 分
行为	掌握行为的基本概念	30	
内置行为	掌握内置行为的操作	60	
职业素养	不畏惧代码，能举一反三	10	
合　计			

第 7 章

认识模板和库

【学习目标】

- 掌握模板和库的概念
- 掌握创建和应用模板的方法
- 掌握创建和应用库的方法

7.1 模 板

模板

制作网页模板是制作网页的一种非常便捷和有效的方法。一般来说，页面被分为若干级，首页是第一级，它是网站的门户，因此一般是独一无二的。由首页进入后就是二级页面，一般分为若干个栏目，每一个栏目进去就是三级页面；当然还可以有更多的层次。内容相似的页面往往使用相同的布局，各页面不同的只是具体内容。制作网站的时候，如果许多网页的某一部分都相同(一般是顶部和底部)，那么可以把这些部分制作成模板，以后新建一个页面时就可以从模板页创建。应用模板创建和更新网页的基本流程是：创建模板，编辑模板，使用模板设计网页，最后通过修改模板来更新网页。

7.1.1 创建模板

模板是一种特殊的文档，可以基于模板创建新的网页，从而得到与模板相似但又有所不同的新网页。创建的模板文件保存在站点的 Templates 文件夹内，Templates 文件夹是自动生成的，不能对其进行修改。模板文件的扩展名为.dwt。

在 Dreamweaver CC 2019 中，创建模板一般有两种方法：一种是直接创建新的空白模板；另外一种是将已有的网页文件保存为模板文件，然后通过修改，使之符合要求。

1. 创建新的空白模板

打开 Dreamweaver CC 2019 软件，新建页面，然后选择"文件"→"新建"菜单命令，在弹出的"新建文档"对话框中，从左侧选择"新建文档"，在"文档类型"栏选择"HTML模板"选项创建模板，"布局"栏中的样式默认为"无"，如图 7-1 所示。

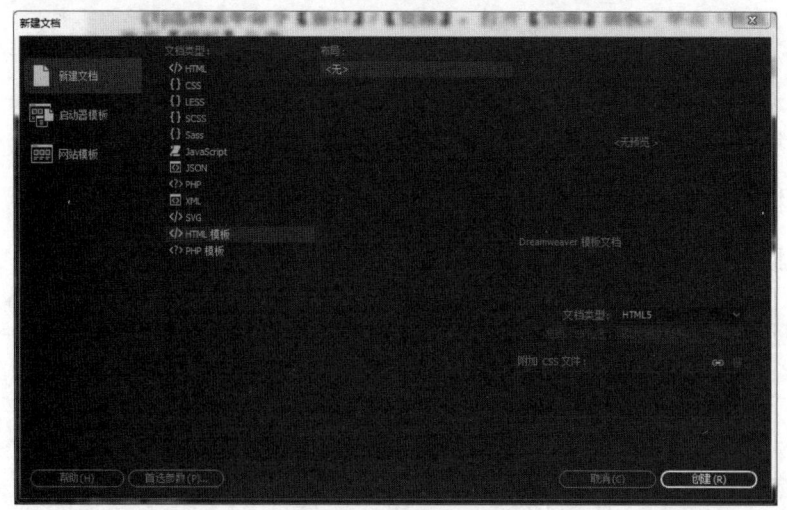

图 7-1 创建空白模板

创建模板之前必须先建立站点，否则 Dreamweaver CC 2019 会提示新建站点，这是因为创建的模板页面必须放在站点下才能应用到其他页面中。

2. 将现有网页保存为模板

打开一个已有的网页文档，选择"文件"→"另存为模板"菜单命令创建模板，在弹出的"另存模板"对话框中选择相应的站点，在"另存为"文本框中输入模板的名称，单击"保存"按钮，如图 7-2 所示。

图 7-2　"另存模板"对话框

7.1.2　创建可编辑区域

一个模板可以分为可编辑区域和不可编辑区域。在基于模板创建的网页中，用户只能修改网页文档中的可编辑区域，不可编辑区域是被锁定的，可以保护模板的格式和内容不会被修改，省去很多重复的工作，保证网页风格一致。在保存模板时，如果没有定义任何可编辑的区域，那么 Dreamweaver CC 2019 会提示该模板不包含任何可编辑区域，此时可以保存模板，但不能对基于这个模板创建的网页做任何修改。

当新建一个模板或者将已有网页保存为模板时，整个页面都是被锁定的，因此必须把一部分区域设定为可编辑区域，操作如下。

(1) 打开模板文件，在文档中选择要定义为可编辑区域的内容。

(2) 选择"插入"→"模板"→"可编辑区域"菜单命令，打开"新建可编辑区域"对话框，如图 7-3 所示。

图 7-3　"新建可编辑区域"对话框

(3) 在"名称"文本框中输入可编辑区域的名称，单击"确定"按钮。

(4) 这样就创建了一个新的可编辑区域，如图 7-4 所示。

图 7-4　新的可编辑区域

由图 7-4 可见，可编辑区域在模板中由高亮显示的矩形边框围绕，该边框使用在首选参数中设置的高亮颜色，标签中的文字显示该区域的名称。

模板的语法格式如下：

```
<!-- TemplateBeginEditable name="EditRegion3" -->EditRegion3<!--
TemplateEndEditable -->
```

7.1.3　管理模板

创建模板主要是为了高效、快速地设计出风格一致的网页。在需要时，可以通过对模板的修改来更新使用模板创建的网页，使网站的更新维护变得更轻松。下面学习模板的相关操作。

1. 编辑模板

对一个已经创建好的模板，可以选择"窗口"→"资源"菜单命令，打开"资源"面板，如图 7-5 所示。

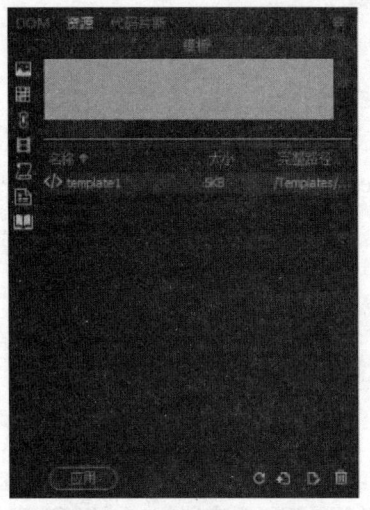

图 7-5　"资源"面板

从模板列表中选择需要编辑的模板，单击底部的 按钮，即可对模板进行编辑。或者在"资源"面板中双击需要编辑的模板，也可以对它进行修改。

2. 应用模板

创建模板的目的在于应用，应用模板生成网页一般有如下两种方法。

1)　从模板新建网页

选择"文件"→"新建"菜单命令，打开"新建文档"对话框，在左侧选择"网站模板"选项，如有多个模板，可以选择应用哪个模板生成新的网页，如图 7-6 所示。

单击"创建"按钮后，就可以利用模板中的可编辑区域进行编辑了。

2)　在已有的网页中应用模板

打开需要应用模板的网页文档，选择"工具"→"模板"→"应用模板到页"菜单命令，打开"选择模板"对话框，选择相应的模板，单击"选定"按钮，就可将模板应用到该网页，如图 7-7 所示。

图 7-6   "新建文档"对话框

图 7-7   "选择模板"对话框

或在"资源"面板的"模板"选项卡中选择所需模板，单击底部的 ■■应用■■ 按钮，即可应用模板。

3. 更新模板

在一个网站中，如果所有页面都是基于一个或者几个模板来创建的，当要对页面中的某些共同的地方修改时，只需要修改模板来同步就可以了，这使用户的维护、更新工作变得简单、高效，这也正是模板的作用。

修改模板和更新基于模板创建的页面的具体操作步骤示例如下。

(1) 打开需要修改的模板 template1。

(2) 对模板进行编辑，将模板顶部不支持的 Flash 文件删除，如图 7-8、图 7-9 所示。

(3) 编辑完成后，选择"文件"→"保存"菜单命令，这时使用当前模板创建的网页文件会进行相应的更新，如图 7-10 所示。

图 7-8　需要修改的模板

图 7-9　修改后的模板

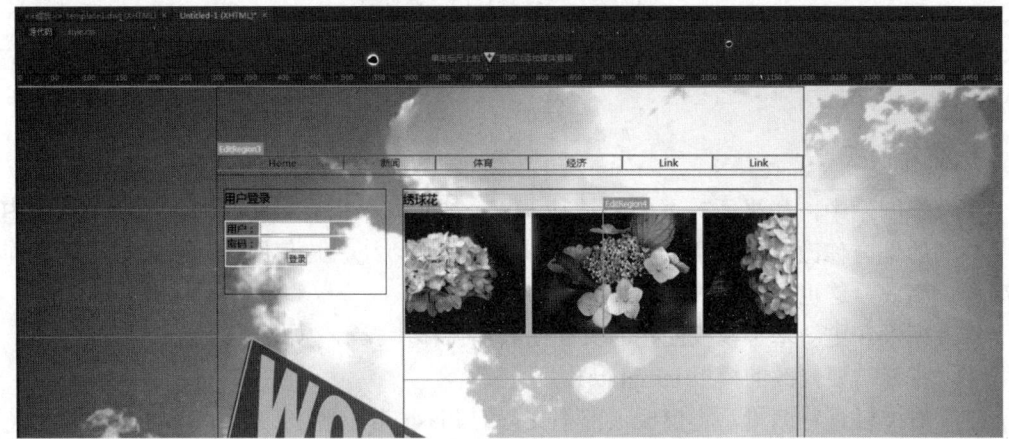

图 7-10　更新后的页面

4. 模板的分离

使用了模板的文档总会受到模板的限制。如果用户既想套用模板的格式，又想任意修改可编辑区域和不可编辑区域的内容，那么可以让基于模板的网页文档脱离模板的控制。操作方法如下。

(1) 打开需要将模板分离的网页文档。

(2) 选择"工具"→"模板"→"从模板中分离"菜单命令，则当前页面会与模板分离，如图 7-11 所示。

图 7-11　选择"从模板中分离"命令

(3) 此时页面中的不可编辑区域将自动变为可编辑区域，用户可以对网页的任何部分进行编辑，如图 7-12 所示。

图 7-12　从模板分离后的网页

5. 重命名模板

对模板文件进行重命名操作的方法有如下三种：

- 在"模板"选项卡中，单击要重新命名的模板选项名称，使其处于可编辑状态，输入文本即可。
- 单击"模板"选项卡面板右上角的下拉按钮，在其下拉菜单中选择"重命名"命令。
- 选择要重新命名的模板选项名称，右击，在弹出的快捷菜单中选择"重命名"命令。

6. 删除模板

删除模板的方法如下：

- 在"模板"选项卡中，单击要删除的模板选项，单击面板右下角的"删除"按钮。
- 单击"模板"选项卡面板右上角的下拉按钮，在其下拉菜单中选择"删除"命令。
- 选择要删除的模板选项名称，右击，在弹出的快捷菜单中选择"删除"命令。

7.2　库

库

如果说应用模板是为了避免重复创建网页的框架，那么应用库项目则是为了避免重复输入网页中的内容。所谓库项目，实际上是一种特殊的Dreamweaver 文件，一般是在多个网页中会被多次重复使用到的内容或者它们的组合，如版权的声明、邮箱、地址和电话等。

在 Dreamweaver CC 2019 中，可以将网页中的任何内容存储为库项目。库项目可以在其他网页的任意位置被调用；当对一个库项目进行编辑后，可以同步所有使用了该库项目的网页，从这一点上来说，库和模板是一样的，可以使用户的工作变得简单而高效。

7.2.1　创建库文件

在网页中，凡是位于<body></body>之间的 HTML 元素都可以作为库项目。创建库项目有两种方法：新建库项目和将网页中已有的内容转换为库项目。

1. 新建库项目

(1) 选择"窗口"→"资源"菜单命令，打开"资源"面板，单击 ▥ 按钮，进入"库"选项卡，如图 7-13 所示。

此时在"库"选项卡里没有任何库项目，在面板下方有 4 个按钮，分别是 ▣(刷新站点列表)按钮、▣(新建库项目)按钮、▣(编辑)按钮和 ▣(删除)按钮。

(2) 单击"新建库项目"按钮，输入库名称即可，如图 7-14 所示。

2. 将网页中已有的内容转换为库项目

(1) 在网页中选定要创建成库项目的元素，如在某网站中每个页面都会出现的页眉部分，如图 7-15 所示。

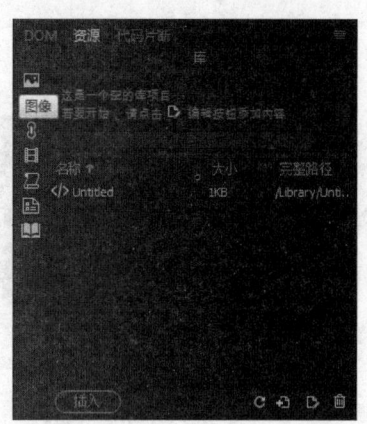

图 7-13 打开"资源"面板　　　　　　图 7-14 保存库项目

图 7-15 选定要创建成库项目的元素

(2) 选择"工具"→"库"→"增加对象到库"菜单命令，或在"资源"面板中单击"库"按钮，打开"库"选项卡。单击"新建库项目"按钮，即可在"库"选项卡中新建库项目，在"名称"列中输入库项目的名称，按 Enter 键即可，如图 7-16 所示。

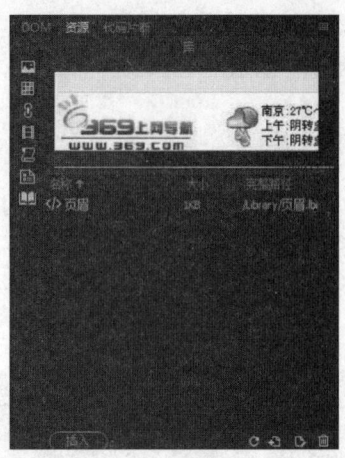

图 7-16 将已有对象保存为库项目

7.2.2 编辑库项目

创建库项目后，还可以对库项目进行更新、重命名、删除等操作，下面分别进行介绍。

1. 库项目的更新

(1) 选择"工具"→"库"→"更新页面"菜单命令，打开"更新页面"对话框，如

图 7-17 所示。

图 7-17　"更新页面"对话框

(2) 在"查看"下拉列表框中选择需要的选项。

(3) 选中"库项目"复选框，可以更新站点中的所有库项目。

(4) 选中"模板"复选框，可以更新站点中的所有模板。

(5) 设置完成后，单击"开始"按钮，即可更新库项目。

2. 重命名库项目

(1) 在"库"选项卡中选择要重命名的库项目。

(2) 执行下列操作之一，输入新名称即可：

● 右击，在弹出的快捷菜单中选择"重命名"命令。

● 单击"库"选项卡右上角的下拉按钮，从其下拉菜单中选择"重命名"命令。

● 单击库项目，库项目变成可编辑状态后，输入新名称。

3. 删除库项目

(1) 在"库"选项卡中选择要删除的库项目。

(2) 单击面板右下角的"删除"按钮。

7.2.3　为页面添加库项目

创建好库项目后，即可在网页制作过程中将其应用到相应的网页上。

(1) 打开一个网页，在"资源"面板中选择要应用的库项目。

(2) 单击"库"选项卡左下角的"插入"按钮，即可将库项目应用到网页上，如图 7-18 所示。

图 7-18　插入网页的库项目

7.3 实例演示

模块库实例

7.3.1 实例情景——制作风花雪月网站

网站网页的设计大部分是一致的。当制作完成多个网页后，若要更新网站，逐一修改文件十分麻烦。而引用模板，就可以轻松构建和更新网站。本实例是利用模板制作大理四绝"风、花、雪、月"的不同 4 个页面。

7.3.2 实例效果

风花雪月网站中的网页 feng.html 效果如图 7-19 所示，其他网页类似。

图 7-19 网页 feng.html 的效果

7.3.3 实现方案

1. 操作思路

先制作一个页面，将其制作成模板，然后基于模板创建风、花、雪、月各页面。

2. 具体步骤

1) 制作模板

(1) 新建站点 fhxy，如图 7-20 所示。

图 7-20 新建站点 fhxy

(2) 新建一个文档，命名为 index.html。

(3) 选择"文件"→"页面属性"菜单命令，设置标题为"风花雪月"，背景颜色为"#ffff99"。

(4) 插入一个 1 行 1 列的表格，如图 7-21 所示。设置表格居中，单元格高度为 80px。在单元格中输入文字"风花雪月"，字号为"24"，字体颜色为"#ff0000"，文字居中，效果如图 7-22 所示。

图 7-21 设置表格属性

图 7-22 输入标题

(5) 换行再插入一个 1 行 4 列的表格，宽度为 1200px，居中。在 4 个单元格中分别输入"下关风""上关花""苍山雪""洱海月"，居中显示，如图 7-23 所示。

图 7-23 插入表格

(6) 在第 3 行中插入一个 1 行 1 列的表格，宽度为 1200px，高度为 80px，居中显示。在单元格中输入文字，如图 7-24 所示。

(7) 创建模板。选择"文件"→"另存为模板"菜单命令，打开"另存模板"对话框，将当前网页另存为模板，命名为 muban1，如图 7-25 所示。

(8) 设置可编辑区域。刚才制作的模板没有可编辑区域，不符合我们的要求。首先在下一行插入一个 1 行 1 列的表格，宽度为 1200px，居中显示。选中第 2 行表格，选择"插入"→"模板对象"→"可编辑区域"菜单命令，在弹出的对话框中将其命名为 mulu。再将光标置于第 4 行表格单元格中，选择"插入"→"模板对象"→"可编辑区域"菜单命令，在弹出的对话框中将其命名为 shuoming，效果如图 7-26 所示。模板的完整代码如表 7-1 所示。

图 7-24 输入文字

图 7-25 "另存模板"对话框

图 7-26 设置可编辑区域

表 7-1 muban1.dwt 页面中的代码

行 号	HTML 代码
1	<!doctype html>
2	<html>
3	<head>
4	<meta charset="utf-8">
5	<!-- TemplateBeginEditable name="doctitle" -->
6	<title>风花雪月</title>
7	<!-- TemplateEndEditable -->
8	<style type="text/css">
9	body {
10	background-color: #ffff99;
11	}
12	</style>
13	<!-- TemplateBeginEditable name="head" -->

行　号	HTML 代码
14	<!-- TemplateEndEditable -->
15	</head>
16	<body>
17	<table align="center" width="900" border="1" cellspacing="0" cellpadding="0">
18	<tbody>
19	<tr>
20	<td align="center"><font size="24" color="#ff0000">风花雪月</font> </td>
21	</tr>
22	</tbody>
23	</table>
24	<table align="center" width="1200" border="1" cellspacing="0" cellpadding="0">
25	<tbody>
26	<tr>
27	<td　align="center">下关风</td>
28	<td　align="center">上关花</td>
29	<td　align="center">苍山雪</td>
30	<td　align="center">洱海月</td>
31	</tr>
32	</tbody>
33	</table>
34	<table width="1200" align="center" height="80" border="1" cellspacing="0"
35	cellpadding="0">
36	<tbody>
37	<tr>
38	<td>大理的自然风光以"风、花、雪、月"四大奇景闻名天下。"下关风、上关花、
39	苍山雪、洱海月",无论是谁都不能拒绝这样的诱惑,所以,到了大理,除了古城你一定要
40	去的就是苍山和洱海。每当冬春时节,山茶花、馨兰争芳斗艳,傲雪开放,苍山如屏,洱海
41	如镜,碧波万顷,白帆点点…… </td>
42	</tr>
43	</tbody>
44	</table>
45	<!-- TemplateBeginEditable name="shuoming" -->
46	<table align="center" width="1200" border="1" cellspacing="0" cellpadding="0">
47	<tbody>
48	<tr>
49	<td> </td>
50	</tr>
51	</tbody>
52	</table>
53	<!-- TemplateEndEditable -->
54	</body>
55	</html>

表 7-1 关键代码解释如下。

第 7、14、45～53 行：作为模板可编辑区域。

除第 7、14、45～53 行外的其他行为模板内容。

2) 用模板制作网页

(1) 新建 4 个网页 feng.html、hua.html、xue.html、yue.html。

(2) 打开网页 feng.html，在"资源"面板中选中模板 muban1.dwt，单击"应用"按钮，将其应用到网页。在可编辑区域 shuoming 中输入文字，其效果如图 7-27 所示。页面中的相应代码见表 7-2。

图 7-27   feng.html 页面添加文字的效果

表 7-2   feng.html 页面中的相应代码

行 号	HTML 代码
1	<!-- InstanceBeginEditable name="shuoming" -->
2	<table align="center" width="1200" border="1" cellspacing="0" cellpadding="0">
3	<tbody>
4	<tr>
5	<td>"风"指"下关风"，大理的下关是一个山口，这是苍洱之间主要的风源，
6	风期之长、风力之强为世所罕见。一年之中大风日数在 35 天以上。下关风平均风速为每秒 42
7	米，最大风速达 10 级。每年春、冬是下关的风季，一年之中，平均有 25 天以上的大风。走
8	在下关的街头，风撕扯着衣襟，吹走旅途的疲乏和散落的尘埃，令人心旷神怡.</td>
9	</tr>
10	</tbody>
11	</table>
12	<!-- InstanceEndEditable -->

表 7-2 的关键代码解释如下。

第 1 和第 12 行表示模板编辑区开始与结束。

第 2～11 行：表格布局"风"的内容。

(3) 用同样的做法打开其他 3 个网页，应用模板到网页上，在可编辑区域 shuoming 里输入相应文字，并进行保存，如图 7-28～图 7-30 所示。相应代码与表 7-1 和表 7-2 类似。

(4) 给各个网页的目录部分做链接，例如，给网页 feng.html 中的目录"上关花"做链接，如图 7-31 所示。其余链接照此操作即可。

风花雪月			
下关风	上关花	苍山雪	洱海月

大理的自然风光以"风、花、雪、月"四大奇景闻名天下。"下关风、上关花、苍山雪、洱海月",无论是谁都不能拒绝这样的诱惑,所以,到了大理,除了古城你一定要去的就是苍山和洱海。每当冬春时节,山茶花、馨兰争芳斗艳,傲雪开放,苍山如屏,洱海如镜,碧波万顷,白帆点点……

"花"指"上关花",上关是一片开阔的草原,鲜花铺地,姹紫嫣红,人称"上关花"。大理气候温和湿润,最宜于花木生长,于是,爱花养花也成了大理白族人民的一种生活习俗。

图 7-28　hua.html 页面添加文字的效果

风花雪月			
下关风	上关花	苍山雪	洱海月

大理的自然风光以"风、花、雪、月"四大奇景闻名天下。"下关风、上关花、苍山雪、洱海月",无论是谁都不能拒绝这样的诱惑,所以,到了大理,除了古城你一定要去的就是苍山和洱海。每当冬春时节,山茶花、馨兰争芳斗艳,傲雪开放,苍山如屏,洱海如镜,碧波万顷,白帆点点……

"雪"指"苍山雪",经夏不消的苍山雪,是苍山景观中的一绝。寒冬时节,百里点苍,白雪皑皑,阳春三月,雪线上仍堆银垒玉。最高峰马龙峰的积雪更是终年不化,盛夏时节山腰以上苍翠欲滴,而峰巅仍紫云在载雪。大理苍山小径曲折险峭,过去上苍山探奇揽胜攀爬十分困难。现有游览索道坐看上山。

图 7-29　xue.html 页面添加文字的效果

风花雪月			
下关风	上关花	苍山雪	洱海月

大理的自然风光以"风、花、雪、月"四大奇景闻名天下。"下关风、上关花、苍山雪、洱海月",无论是谁都不能拒绝这样的诱惑,所以,到了大理,除了古城你一定要去的就是苍山和洱海。每当冬春时节,山茶花、馨兰争芳斗艳,傲雪开放,苍山如屏,洱海如镜,碧波万顷,白帆点点……

"月"指洱海月,洱海外形如同耳朵,空中俯瞰,洱海宛如一轮新月,静静地依卧在苍山和大理坝子之间。洱海月色,水光接天,万顷茫然,令人惊叹。海共有三岛、四洲、五湖、九曲,湖水清澈见底,自古以来一直被称作"群山间的无瑕美玉"。苍山雪,海月,洱海月照苍山雪,好几部电影都来到洱海取景。

图 7-30　yue.html 页面添加文字的效果

图 7-31　添加链接

7.4　任务训练——模板应用

7.4.1　训练目的

(1) 练习模板的新建、应用和更新。

(2) 练习库的新建、应用和更新。

7.4.2 训练内容

(1) 打开站点中的素材"模板训练\模板样本"文件，如图 7-32 所示，做如下操作。

① 新建一个网页文档，将此模板应用于网页。

② 在网页可编辑区域添加任意内容。

③ 打开模板，在模板底部的不可编辑区域添加网页信息，使之同步到应用了该模板的网页。

图 7-32 模板样本

(2) 新建一个页面 shili1，在页面中插入站点中的素材"库训练\img"文件夹中的文件，如图 7-33 所示，然后做如下操作。

① 将页面 shili1 中的图片 banner 保存为库项目。

② 新建一个页面 shili2，将库项目应用到该页面。

图 7-33 插入图片 banner

7.5 知识拓展

(1) 如何将已有的网页保存为模板？

答：打开要保存为模板的网页文档，选择"文件"→"另存为模板"菜单命令，在弹出的"另存模板"对话框中选择相应的站点,在"另存为"文本框中输入模板的名称,单击"保存"按钮。

(2) 如何让基于模板的网页文档脱离模板的控制?

答:①打开需要将模板分离的网页文档;②选择"工具"→"模板"→"从模板中分离"菜单命令,则当前页面与模板分离。

单 元 测 试

1. 模板文件的扩展名是( )。

    A. .ess   B. .dwt   C. .dll   D. .htm

2. 以下( )选项不是模板的区域类型。

    A. 可编辑区域   B. 可选区域   C. 重复区域   D. 可插入区域

3. 当我们只需要把库元素中的内容加到页面中,而不需要与库进行关联时,可以在拖动库元素到网页的同时按住( )键。

    A. Ctrl   B. Alt   C. Shift   D. Alt+Shift

4. 模板的创建有两种方式,分别是( )。

    A. 新建层,保存模板   B. 新建网页,保存网页

    C. 新建模板,保存层   D. 新建模板,已有网页保存为模板

5. 模板和库是( )的得力助手。

    A. 批量制作网页   B. 单一制作网页   C. 表格   D. 表单

学 习 评 价

评价项目	评价内容	分 值	得 分
模板和库	掌握模板和库的基本概念	10	
模板的操作	掌握模板的创建、编辑与管理	40	
库的操作	掌握库的创建、编辑	40	
职业素养	精益求精、推陈出新的创新能力	10	
合 计			

第8章
初识 HTML5

【学习目标】

- 掌握 video 制作视频的方法
- 掌握 audio 制作音频的方法
- 掌握 Canvas 绘制图形的方法
- 掌握 Canvas 完成基本图像处理的方法

HTML5 是下一代 Web 语言的标准，具有兼容性好、安全性高、功能丰富、开发便捷等优点，特别适用于 Web 操作系统一类的客户端互联网应用的前端开发。本章将简单介绍 HTML5 新增的 video、audio 和 Canvas 等，使读者对 HTML5 有个初步了解，方便今后继续深入学习。

8.1 HTML5 概述

8.1.1 HTML5 简介

HTML 是超文本标记语言(HyperText Markup Language)，使用标记标签(markup tag)来描述网页，并不是一种编程语言。

HTML5 是万维网联盟(World Wide Web Consortium，W3C) 和 WHATWG(Web Hypertext Application Technology Working Group)合作的结果。WHATWG 致力于 Web 表单和应用程序，而 W3C 专注于 XHTML 2.0。在 2006 年，双方决定进行合作，来创建一个新版本的 HTML。2014 年 10 月 29 日，万维网联盟宣布，HTML5 标准规范终于最终制定完成了，并已公开发布。

支持 HTML5 的浏览器包括 Chrome(谷歌浏览器)、Firefox(火狐浏览器)、IE9 及其更高版本、Safari、Opera 等；国内的傲游浏览器(Maxthon)以及基于 IE 或 Chromium(Chrome 的工程版或称实验版)推出的 360 浏览器、搜狗浏览器、QQ 浏览器、猎豹浏览器等国产浏览器同样具备支持 HTML5 的能力。

8.1.2 HTML5 的新特性

HTML5 将会取代 1999 年制定的 HTML 4.01、XHTML 1.0 标准，以期能在互联网应用迅速发展的时候，使网络标准符合当代的网络需求，实现桌面和移动平台无缝衔接。它取消了一些过时的 HTML 标记，提供了一些新的元素和属性：

- 用于媒介回放的 video 和 audio 元素。
- 用于绘画的 Canvas 元素。
- 对本地离线存储的更好的支持。
- 新的特殊内容元素，如 header、nav、article、section、footer。
- 新的表单控件，如 calendar、date、time、email、url、search。

8.1.3 HTML5 的优点

HTML5 具有以下几方面的优点。

1. 网络标准

HTML5 本身是由 W3C 推荐的，是通过谷歌、苹果、诺基亚、中国移动等几百家公司一起酝酿的技术，这个技术最大的好处在于它是公开的。换句话说，每一个公开的标准都可以根据 W3C 的资料库找寻根源。另一方面，由于它是 W3C 通过的 HTML5 标准，也就意味着每一个浏览器或每一个平台都会去实现。

2. 多设备跨平台

HTML5 的优点主要在于可以进行跨平台的使用。如开发了一款 HTML5 的游戏，可以移植到 UC 的开放平台、Opera 的游戏中心、Facebook 应用平台，甚至可以通过封装的技术发布到 App Store 或 Google Play 上，所以它的跨平台性非常强大。

3. 自适应网页设计

同一张网页自动适应不同大小的显示器宽度，即"一次设计，普遍适用"，根据屏幕宽度，自动调整布局(Layout)。

4. 即时更新

更新 HTML5 游戏就像更新页面一样，是马上的、即时的更新。

8.2 HTML5 视频

HTML5 视频

HTML5 的新视频元素为网站视频提供了极大的方便，支持新的视频格式，能在网页上高效地播放多种格式的高质量视频。

8.2.1 HTML5 视频简介

目前大多数网页上的视频是通过插件(如 Flash)来显示的。然而，并非所有浏览器都拥有同样的插件。HTML5 规定了一种通过 video 元素来包含视频的标准方法，如图 8-1 所示。

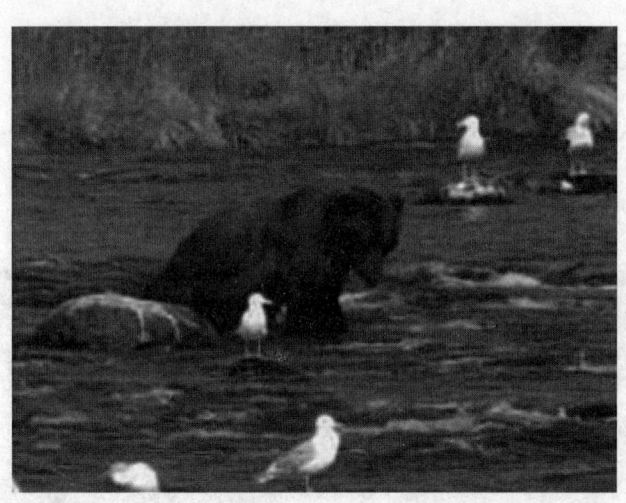

图 8-1 HTML5 视频效果

1. 视频格式

当前，video 元素支持 3 种视频格式，如表 8-1 所示。

- Ogg 格式：指带有 Theora 视频编码和 Vorbis 音频编码的 Ogg 文件。
- MPEG4 格式：指带有 H.264 视频编码和 AAC 音频编码的 MPEG4 文件。
- WebM 格式：指带有 VP8 视频编码和 Vorbis 音频编码的 WebM 文件。

表 8-1　video 元素支持的 3 种视频格式

序　号	格　式	IE	Firefox	Opera	Chrome	Safari
1	Ogg	No	3.5+	10.5+	5.0+	No
2	MPEG4	9.0+	No	No	5.0+	3.0+
3	WebM	No	4.0+	10.6+	6.0+	No

2. <video>标签的属性

HTML5 中<video>标签的属性如表 8-2 所示。

表 8-2　HTML5 中<video>标签的属性

序　号	属　性	值	描　述
1	autoplay	autoplay	如果出现该属性，则视频在就绪后马上播放
2	controls	controls	如果出现该属性，则显示控件，如播放按钮
3	height	pixels	设置视频播放器的高度
4	loop	loop	如果出现该属性，则当媒介文件完成播放后再次开始播放
5	preload	preload	如果出现该属性，则在页面加载时视频进行加载，并预备播放。如果使用 autoplay，则忽略该属性
6	src	url	要播放视频的 URL
7	width	pixels	设置视频播放器的宽度

8.2.2　HTML5 视频实例

实现图 8-1 视频效果的操作步骤如下。

(1) 在本地站点中创建文件夹 chapter08，在该文件夹下新建 media 文件夹，并将素材 movie.ogg 复制到其中，同时新建文档，如图 8-2 所示。

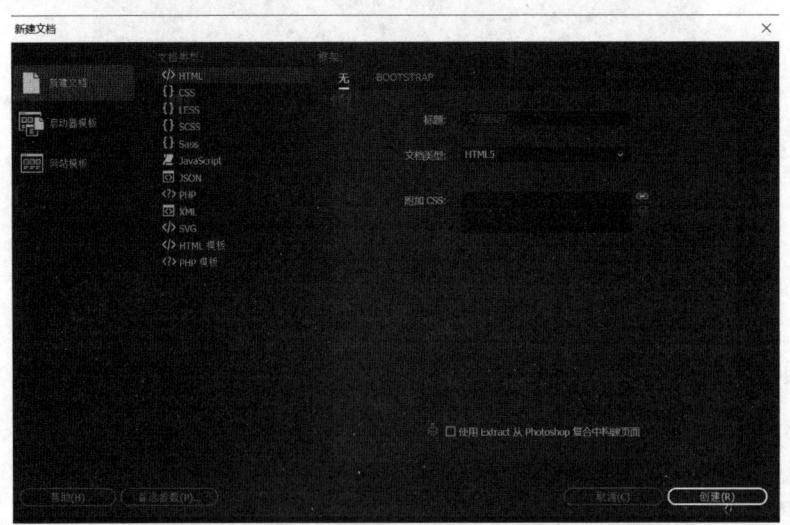

图 8-2　在 Dreamweaver CC 2019 中新建 HTML5 网页

(2) 在"新建文档"对话框中，"文档类型"默认为 HTML5，单击"创建"按钮后保存在 chapter08 根目录下，文件名为 video.html。本章后续实例新建文档的操作方法与此一致。

(3) 在"代码"视图下添加如表 8-3 所示代码，完成图 8-1 的视频效果。

表 8-3　HTML5 视频演示代码

行　号	HTML 代码
1	<!doctype html>
2	<html>
3	<head>
4	<meta charset="utf-8">
5	<title>视频演示</title>
6	</head>
7	<body>
8	<video width="320" height="240" controls>
9	<source src="media/movie.ogg" type="video/ogg">
10	<source src="media/movie.mp4" type="video/mp4">
11	浏览器不支持视频格式。
12	</video>
13	</body>
14	</html>

表 8-3 中的关键代码解释如下。

第 8~12 行：<video></video>表示定义 HTML5 视频。

第 9~10 行：放入两种不同格式的视频。

8.2.3　使用 DOM 控制

HTML5 提供了丰富的用以控制视频的属性，可使用 DOM 获得这些属性，并通过控制视频的 API 方法来控制视频，如视频元素开始播放、暂停以及屏幕放大/缩小等，如图 8-3 所示。

图 8-3　控制视频播放的效果

HTML5 视频控制拥有多种方法，如表 8-4 所示。

表 8-4　视频的控制方法

序　号	方　法	描　述
1	play()	播放视频
2	pause()	暂停播放
3	load()	重新加载视频元素
4	canPlayType()	检查是否支持特定视频格式
5	addTextTrac()	向视频添加一个新的文本轨道

在"代码"视图下添加如表 8-5 所示的代码，完成图 8-3 所示的视频效果。

表 8-5　控制视频播放代码

行　号	HTML 代码
1	<!doctype html>
2	<html>
3	<head>
4	<meta charset="utf-8">
5	<title>DOM 控制</title>
6	</head>
7	<body>
8	<Div style="text-align:center;">
9	<button onclick="playPause()">播放/暂停</button>
10	<button onclick="makeBig()">大</button>
11	<button onclick="makeNormal()">中</button>
12	<button onclick="makeSmall()">小</button>
13	
14	<video id="video1" width="420" style="margin-top:15px;">
15	<source src="media/mov_bbb.mp4" type="video/mp4" />
16	<source src="media/mov_bbb.ogg" type="video/ogg" />
17	Your browser does not support HTML5 video.
18	</video>
19	</Div>
20	<script type="text/javascript">
21	var myVideo=document.getElementById("video1");
22	function playPause()　　　　　//播放/暂停
23	{
24	if (myVideo.paused)
25	myVideo.play();
26	else
27	myVideo.pause();
28	}

行　号	HTML 代码
29	function makeBig()　　　//大
30	{
31	myVideo.width=560;
32	}
33	function makeSmall()　　//小
34	{
35	myVideo.width=320;
36	}
37	function makeNormal()　//中，即正常
38	{
39	myVideo.width=420;
40	}
41	</script>
42	</body>
43	</html>

表 8-5 中的关键代码解释如下。

第 8～19 行：定义一个 div，放置按钮及视频。

第 20～41 行：用 js 脚本实现视频的播放、暂停、放大、缩小等功能。

8.3　HTML5 音频

HTML5 音频

HTML5 的新音频元素为网站设置音频提供了极大的方便，能高效地播放多种格式的高质量音频。

8.3.1　HTML5 音频简介

网页上播放音频的标准目前仍然不存在，大多数音频是通过插件来播放的，但并非所有浏览器都拥有同样的插件。HTML5 规定了一种通过 audio 元素来包含音频的标准方法，audio 元素能够播放声音文件或者音频流。HTML5 音频效果如图 8-4 所示。

图 8-4　HTML5 音频效果

1. 音频格式

audio 元素支持 3 种音频格式，如表 8-6 所示。

表 8-6　audio 元素支持的 3 种音频格式

序　号	格　式	IE	Firefox	Opera	Chrome	Safari
1	Ogg Vorbis		√	√	√	
2	MP3	√			√	√
3	Wav		√	√		√

2. <audio>标签的属性

HTML5 中，<audio>标签的属性如表 8-7 所示。

表 8-7　HTML5 中<audio>标签的属性

序　号	属　性	值	描　述
1	autoplay	autoplay	如果出现该属性，则音频在就绪后马上播放
2	controls	controls	如果出现该属性，则显示控件，比如播放按钮
3	loop	loop	如果出现该属性，则每当音频结束时重新开始播放
4	preload	preload	如果出现该属性，则在页面加载时就进行音频加载，并预备播放。如果使用 autoplay，则忽略该属性
5	src	url	要播放音频的 URL

8.3.2　HTML5 音频实例

在本地站点中创建文件夹 chapter08，并在该文件夹下新建 audio 文件夹，将素材 movie.ogg、bluelove.mp3 和 xgals.mp3 复制到其中，同时新建 audio.html。在"代码"视图下添加如表 8-8 所示代码，完成图 8-4 所示的音频效果。

表 8-8　音频实例代码

行　号	HTML 代码
1	<!doctype html>
2	<html>
3	<head>
4	<meta charset="utf-8">
5	<title>音频演示</title>
6	</head>
7	<body>
8	<ul>
9	<li>蓝色的爱
10	</li>
11	</ul>
12	<audio controls>
13	<source src="media/bluelove.ogg" type="audio/ogg">

行　号	HTML 代码
14	<source src="media/bluelove.mp3" type="audio/mpeg">
15	浏览器不支持此音频。
16	</audio>
17	<ul>
18	<li>
19	献给爱丽丝
20	</li>
21	</ul>
22	<audio controls>
23	<source src="media/xgals.ogg" type="audio/ogg">
24	<source src="media/xgals.mp3" type="audio/mpeg">
25	浏览器不支持此音频。
26	</audio>
27	</body>
28	</html>

表 8-8 中的关键代码解释如下。

第 8～11 行、第 17～21 行：歌曲无序列表 1 与 2。

第 12～16 行、第 22～26 行：HTML5 音频播放。

8.4　初识 Canvas

HTML5 Canvas

Canvas 元素使用 JavaScript 在网页(画布)上绘制各种图形，包括路径、矩形、圆形，以及添加图像等操作。画布是定义的一个矩形区域，可以在其中控制每一个像素。Canvas 对 HTML5 有着重要意义，与 JavaScript 配合使用，可制作出漂亮的动画和游戏。

8.4.1　Canvas 简介

Canvas 一般翻译为"画布"。在 HTML5 中，Canvas 是一个新的 HTML 元素，可以通过 Script 语言(通常是 JavaScript)来绘制图形。

HTML5 的矢量绘图功能由 Canvas 标签和各种绘图 API 构成。在 JavaScript 的脚本中，通过 Canvas 节点可以获得绘图上下文，再通过上下文调用 API，就可以绘制出各种矢量图。使用 Canvas，通常有如下要求：

● Canvas 是一个矩形区域，不能为圆。

● 通过 JavaScript，使 Canvas 绘制各种图像。

● Canvas 区域中的每一个像素都可控，即所谓的像素级操作。

● Canvas 拥有多种绘制路径、矩形、圆形、字符以及添加图像的方法。

- Canvas 不需要插件，具有跨平台的优势，与 Flash、SVG 和 VML 等不同。
- Canvas 具有多种操作函数和方法，比 SVG 和 VML 简单易懂。
- 只要支持 HTML5 标准的浏览器，都可以运行 Canvas。

提示： ① SVG 指可伸缩矢量图形(Scalable Vector Graphics)。

② VML 指矢量标记语言(Vector Markup Language)。

1. 创建 Canvas 元素

下列语句向 HTML5 页面添加 Canvas 元素，规定元素的 id、宽度(width)和高度(height)：

```
<canvas id="myCanvas" width="200" height="100"></canvas>
```

提示： ① id 属性不是 Canvas 元素专有的，任何一个 HTML 元素都可以指定其 id 值。通过 id 值，可以很方便地在 JavaScript 中引用(操作)它。

② 宽度(width)和高度(height)是 Canvas 画布的大小，以像素(px)为单位。

2. 通过 JavaScript 来绘制

Canvas 元素本身是没有绘图能力的。所有的绘制工作必须在 JavaScript 内部完成，通过 getElementByID()方法取得 Canvas 对象的 DOM 节点；通过 Canvas 元素对象的 getContext() 方法来获取其渲染上下文(目前的 Canvas 只专注于 2D 的渲染上下文)，代码如下：

```
<script type="text/javascript">
var c = document.getElementById("myCanvas");
var cxt = c.getContext("2d");
cxt.fillStyle = "#FF0000";
cxt.fillRect(0,0,150,75);
</script>
```

其中，JavaScript 使用 id 来寻找 Canvas 元素的代码如下：

```
var c = document.getElementById("myCanvas");
```

创建 Context 对象的代码如下：

```
var cxt = c.getContext("2d");
```

getContext 是内建的 HTML5 对象，拥有多种绘制路径、矩形、圆形、字符以及添加 图像的方法。

下面的两行代码将在画布上绘制一个从左上角(0,0)开始，大小为 150px×75px 的红色矩 形。fillStyle 方法将其渲染成红色，fillRect 方法规定了图形的形状、位置和尺寸：

```
cxt.fillStyle = "#FF0000";
cxt.fillRect(0,0,150,75);
```

8.4.2 绘制图形

Canvas 提供许多绘制路径的方法，可以绘制比较复杂的形状。这些形状都是由一个或 多个路径组合而成的，使用的函数如表 8-9 所示。

表 8-9　绘制路径

序　号	方　　法	描　　述
1	beginPath()	开始一条路径，或重置当前路径
2	closePath()	创建从当前点回到起始点的路径
3	stroke()	绘制已定义的路径
4	fill()	填充当前绘图(路径)

绘制图形的步骤如下。

(1) 用 beginPath()方法创建一条路径。在内存里，路径是以一组子路径(直线、弧线等)的形式存储，它们共同构成一个图形。每次调用 beginPath，子路径组都会被重置。

(2) 调用指定绘制路径的相关方法。

(3) 调用 closePath()方法，用直线连接当前端点与起始端点来关闭路径。

(4) 调用 stroke()或 fill()方法，图形绘制到 Canvas 上去。stroke 是绘制图形边框，fill 会填充一个实心图形。

提示：　①　Canvas 中的坐标原点(0,0)定位在左上角，画布里所有对象都是相对这个原点的。

　　　　　②　本节实例均为在 chapter08 文件夹下建立的"文档类型"为 HTML5，保存"文件类型"为.html 的文件，在"代码"视图下输入相关代码。

　　　　　③　本节仅附上<body></body>标签中的 HTML5 代码。

1. 矩形

1)　实例效果

在画布上先画一个大小为 120px×120px 的框，再画一个大小为 100px×100px 的黑色矩形，然后清空中间 60px×60px 大小的矩形，画一个大小为 50px×50px 的矩形边框，如图 8-5 所示。

图 8-5　矩形实例效果

2)　实例实现

如表 8-10 所示的方法都有 4 个参数，x 和 y 用于指定矩形左上角(相对于原点)的位置，width 和 height 用于指定矩形的宽和高。

绘制矩形实例效果的<body></body>标签部分代码如表 8-11 所示。

表 8-10　矩形方法

序　号	方　　法	描　　述
1	Rect(x,y,width,height)	创建矩形
2	fillRect(x,y,width,height)	绘制被填充的矩形
3	strokeRect(x,y,width,height)	绘制矩形(无填充)
4	clearRect(x,y,width,height)	在给定的矩形内清除指定的像素

表 8-11　绘制矩形的代码

行　号	HTML 代码
1	<canvas id="myCanvas" width="150" height="150"></canvas>
2	<script>
3	var c=document.getElementById("myCanvas");//获取 canvas 对象的 DOM 节点
4	var ctx=c.getContext("2d");　　　　//获取上下文
5	ctx.beginPath();　　　　　　//绘制路径
6	ctx.rect(15,15,120,120);　　　　//绘制大小为 120px×120px 的矩形
7	ctx.stroke();　　　　　　//绘制已完成的图形
8	ctx.fillRect(25,25,100,100);　　　//填充大小为 100px×100px 的矩形
9	ctx.clearRect(45,45,60,60);　　　//清空大小为 60px×60px 的矩形
10	ctx.strokeRect(50,50,50,50);　　　//绘制大小为 50px×50px 的矩形
11	</script>

2. 线条

1) 实例效果

在画布上从起始点(10, 10)画线到(150, 50)，再画线到(10, 50)，最终回到(10, 10)的位置，由线条构成了一个直角三角形，如图 8-6 所示。

图 8-6　直线实例效果

2) 实例实现

Canvas 画布中的画线方法如表 8-12 所示。

表 8-12　画线方法

序　号	方　法	描　　述
1	moveTo(x,y)	把路径移动到画布中的指定点，不创建线条。有两个参数 x 和 y，表示一个新的坐标位置，即起始坐标
2	lineTo(x,y)	添加一个新点，然后在画布中创建从前一路径的终点到该点的线条

绘制线条实例效果的<body></body>标签部分代码如表 8-13 所示。

表 8-13 绘制线条的代码

行 号	HTML 代码
1	<canvas id="myCanvas" width="200" height="100" style="border:1px
2	solid #c3c3c3;"> //定义 Canvas 边框宽度为 1px，颜色为#c3c3c3
3	Your browser does not support the canvas element.
4	</canvas>
5	<script type="text/javascript">
6	var c=document.getElementById("myCanvas");
7	var cxt=c.getContext("2d");
8	cxt.moveTo(10,10); //三角形的起点
9	cxt.lineTo(150,50); //三角形的锐角点
10	cxt.lineTo(10,50); //三角形的直角点
11	cxt.stroke(); //绘制已完成的图形
12	</script>

3. 圆形

1) 实例效果

在画布上(100,40)的位置处绘制一个半径为 30px 的红色圆，如图 8-7 所示。

图 8-7 圆形实例效果

2) 实例实现

Canvas 画布中的画弧线方法如表 8-14 所示。

表 8-14 画弧线方法

序 号	方 法	描 述
1	arc(x,y,radius,startAngle, endAngle,anticlockwise)	创建弧/曲线(用于创建圆形或部分圆)，其中 x 和 y 是圆心坐标，radius 是半径，startAngle 和 endAngle 分别是起始角和结束角(以 x 轴为基准)，anticlockwise 为 true，表示逆时针，false 表示顺时针
2	arcTo(x1,y1,x2,y2,radius)	创建两切线之间的弧/曲线，其中，x1 和 y1 是弧的起始坐标，x2 和 y2 是弧的结束坐标，radius 则是弧的半径

arc 方法里用到的角度是以弧度为单位的。度和弧度的直接转换可以用公式"radiaus= (Math.PI/180)*degrees"完成。

绘制圆形实例效果的<body></body>标签部分代码如表 8-15 所示。

表 8-15　绘制圆形的代码

行　号	HTML 代码
1	< canvas id="myCanvas" width="200" height="100" style="border:1px
2	solid #c3c3c3;">
3	Your browser does not support the canvas element.
4	</canvas>
5	<script type="text/javascript">
6	var c=document.getElementById("myCanvas");
7	var cxt=c.getContext("2d");
8	cxt.fillStyle="#FF0000";　　　　　　//填充颜色设置
9	cxt.beginPath();　　　　　　　//绘制路径
10	cxt.arc(100,40,30,0,Math.PI*2,true);　　//绘制圆形
11	cxt.closePath();　　　　　　　//关闭路径
12	cxt.fill();　　　　　　　　　//填充所绘制的图形
13	</script>

8.4.3　使用图像

Canvas 中可以引入图像，用于图片合成或者制作背景等。PNG、GIF 和 JPEG 等格式的图像都可以引入到 Canvas 中，而且其他的 Canvas 元素也可以作为图像的来源。

1. 引入图像

引入图像有两步：第 1 步是指定图像来源，图像可以是一个 JavaScript 中的 Image 对象引用，也可以是其他的 Canvas 对象；第 2 步是用 drawImage 方法将图像插入到 Canvas 中。

1) 引入页面内的图像

可以通过以下几种方式来引用同一页面内的图片：

● 使用 document.images 集合。

● 使用 document.getElementsByTagName 方法。

● 通过 Image 元素的 ID，可以使用 document.getElementById 方法来获取页面内的图像。

2) 引用其他域名的图像

对一个 HTMLImageElement 元素对象使用 crossOrigin 属性，可以请求加载一张来自其他域名的图像，以在调用的 drawImage 方法中使用。如果主机域名允许跨域名访问图像，则图像可以用于一个空白Canvas元素对象，否则会导致图片在Canvas画布上的显示出问题。

3) 创建图像

用 JavaScript 创建一个新的 Image 对象，然后设置其图片来源。代码如下：

```
var img = new Image();              //创建一个 image 对象
img.onload=function(){
  //在此执行 drawImage 语句
}
img.src = 'myImage.png';            //设置图片来源
```

如果需要加载多张图片，需要 JavaScript 来处理，读者可自行了解相关知识。

2. 图像方法

一旦创建了 Image 对象，就可以使用 drawImage 方法将它渲染到 Canvas 里。drawImage 方法有 3 种形态，如表 8-16 所示。

表 8-16　图像方法

序　号	方　法	描　述
1	drawImage(image,x,y)	在画布上定位图像，其中，image 为 image 图片对象或 Canvas 画布对象，x 和 y 是其在目标 Canvas 画布里的起始坐标
2	drawImage(image,x,y,width,height)	在画布上定位图像，并规定图像的宽度和高度，即 width 和 height
3	drawImage(img,sx,sy,swidth,sheight,dx,dy,dwidth,dheight)	剪切图像，并在画布上定位被剪切的部分，其中，第 1 个参数是一个图像或另一个 Canvas 的引用，第 2～5 个参数定义剪裁图像的位置和大小，第 6～9 个参数定义剪裁后的图像位置和大小

3. 图像实例

1)　实例效果

在大小为 460px×320px 的画布上载入一张图片，效果如图 8-8 所示。

图 8-8　图像实例的效果

2) 实例实现

图像实例效果的代码如表 8-17 所示。

表 8-17　实现图像的代码

行　号	HTML 代码
1	<!doctype html>
2	<html>
3	<head>
4	<meta charset="utf-8">
5	<title>实例—图像</title>
6	<script type="text/javascript">
7	function draw(){ 　　　　　　　　//draw 函数
8	var c=document.getElementById("myCanvas");
9	var cxt=c.getContext("2d");
10	var img=new Image()'; 　　　　//创建 image 对象
11	img.src='media/xlxs.png'; 　　//设置图片来源
12	img.onload=function(){ 　　　　//加载 function 函数
13	cxt.drawImage(img,0,0); 　　　//定位图像
14	}
15	}
16	</script>
17	</head>
18	<body onLoad="draw();"> 　　//网页加载时执行 draw 函数
19	<canvas id="myCanvas" width="460" height="320" style="border:1px
20	solid #c3c3c3;">
21	Your browser does not support the canvas element.
22	</canvas>
23	</body>
24	</html>

8.5　实　例　演　示

8.5.1　实例情景——制作七巧板

设计制作七巧板,利用 lineTo()、moveTo()、fill()等 Canvas 绘制图形的方法来完成。

8.5.2　实例效果

七巧板的效果如图 8-9 所示。

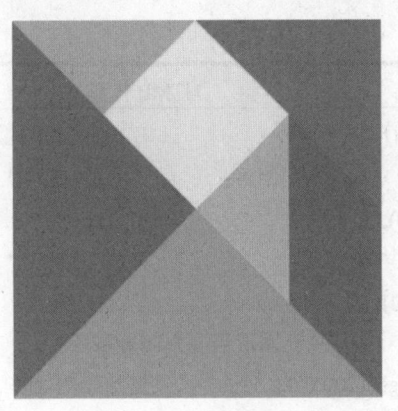

图 8-9　七巧板的效果

8.5.3　实现方案

1. 编码思路

掌握七巧板的组成。七巧板是由七块板组成的，完整图案为一正方形：五块等腰直角三角形(两块小型三角形、一块中型三角形和两块大型三角形)、一块正方形和一块平行四边形。

2. 程序代码

代码如表 8-18 所示。

表 8-18　七巧板效果图的代码

行　号	HTML 代码
1	\<!doctype html\>
2	\<html \>
3	\<head\>
4	\<meta charset="UTF-8"\>
5	\<title\>canvas 绘制七巧板\</title\>
6	\</head\>
7	\<body\>
8	\<Div style="margin:0 auto;width:600px; height:auto;text-align:
9	center;"\>
10	\<h2\>canvas 绘制七巧板\</h2\>
11	\<canvas id="mycanvas" width="600" height="600"
12	style="display:block;margin:50px auto"\>\</canvas\>
13	\</Div\>
14	\</body\>
15	\<script\>
16	var c=document.getElementById("mycanvas");
17	var ctx= c.getContext("2d");

行 号	HTML 代码
18	// 第一个三角形
19	ctx.beginPath(); // 开始绘制
20	ctx.moveTo(0,0);
21	ctx.lineTo(300,300);
22	ctx.lineTo(0,600);
23	ctx.closePath(); //填充图形需要先闭合路径
24	ctx.fillStyle = 'rgba(200,0,0,0.5)'; // 进行绘图处理
25	ctx.fill();
26	// 第二个三角形
27	ctx.beginPath();
28	ctx.moveTo(0,0);
29	ctx.lineTo(300,0);
30	ctx.lineTo(150,150);
31	ctx.closePath();
32	ctx.fillStyle="rgba(255,121,0,0.5)";
33	ctx.fill();
34	// 第三个三角形
35	ctx.beginPath();
36	ctx.moveTo(300,0);
37	ctx.lineTo(600,0);
38	ctx.lineTo(600,300);
39	ctx.closePath();
40	ctx.fillStyle="rgba(255,0,0,0.5)";
41	ctx.fill();
42	// 第四个三角形
43	ctx.beginPath();
44	ctx.moveTo(0,600);
45	ctx.lineTo(600,600);
46	ctx.lineTo(300,300);
47	ctx.closePath();
48	ctx.fillStyle="rgba(3,165,72,0.5)";
49	ctx.fill();
50	// 第五个三角形
51	ctx.beginPath();
52	ctx.moveTo(300,300);
53	ctx.lineTo(450,150);
54	ctx.lineTo(450,450);

行　号	HTML 代码
55	ctx.closePath();
56	ctx.fillStyle="rgba(46,180,255,0.5)";
57	ctx.fill();
58	// 正方形
59	ctx.beginPath();
60	ctx.moveTo(300,0);
61	ctx.lineTo(450,150);
62	ctx.lineTo(300,300);
63	ctx.lineTo(150,150);
64	ctx.closePath();
65	ctx.fillStyle="rgba(255,245,0,0.5)";
66	ctx.fill();
67	// 平行四边形
68	ctx.beginPath();
69	ctx.moveTo(600,600);
70	ctx.lineTo(600,300);
71	ctx.lineTo(450,150);
72	ctx.lineTo(450,450);
73	ctx.closePath();
74	ctx.fillStyle="rgba(129,0,196,0.5)";
75	ctx.fill();
76	</script>
77	</html>

8.6　任 务 训 练

8.6.1　训练目的

(1) 练习绘制图形的方法。
(2) 练习图形与图像的结合运用。

8.6.2　训练内容

(1) 用 moveTo() 和 lineTo() 方法绘制笑脸，效果如图 8-10 所示。

图 8-10　绘制笑脸的效果

部分参考代码如下：

```
<script>
var c=document.getElementById("myCanvas");
var ctx=c.getContext("2d");
ctx.beginPath();
ctx.arc(75,75,50,0,Math.PI*2,true);        //外圆
ctx.moveTo(110,75);                         //嘴巴的起始点
ctx.arc(75,75,35,0,Math.PI,false);          //嘴巴(顺时针)
ctx.moveTo(65,65);                          //左眼的起始点
ctx.arc(60,65,5,0,Math.PI*2,true);          //左眼
ctx.moveTo(95,65);                          //右眼的起始点
ctx.arc(90,65,5,0,Math.PI*2,true);          //右眼
ctx.stroke();                               //绘制已经完成的图形
</script>
```

(2) 绘制折线图，用一个外部图片作为折线图背景，用 onload 事件响应方法触发绘制线条的动作，效果如图 8-11 所示。

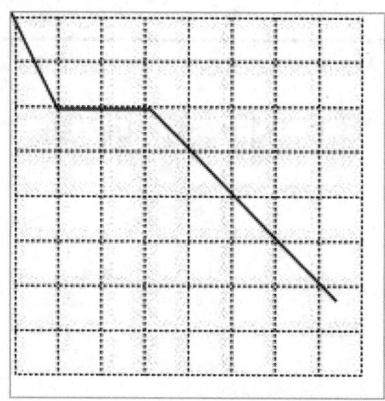

图 8-11　绘制折线图的效果

部分参考代码如下：

```
<script type="text/javascript">
function draw(){
    var c=document.getElementById("myCanvas");
```

```
        var cxt=c.getContext("2d");
        var img=new Image();
        img.src='images/grid.jpg'          //设置图片源
        img.onload=function(){
            cxt.drawImage(img,0,0);         //渲染图
            cxt.moveTo(0,0);                //折线起点
            cxt.lineTo(25,50);
            cxt.lineTo(75,50);
            cxt.lineTo(175,150);            //折线终点
            cxt.stroke();                   //绘制已完成的图形
        }
    }
</script>
```

8.7 知 识 拓 展

(1) HTML5 与 CSS3 有何关系？

答：HTML5 具有更多的描述性标签、先进的选择器、精美的视觉效果、方便的操作等诸多优势。CSS3 可以有效地对页面的布局、字体、颜色、背景和其他效果实现更加精确的控制。HTML5 和 CSS3 结合，可以方便、快捷地对页面元素与网页进行美化与布局。

(2) DOM 是什么？

答：DOM(Document Object Model)，即文档对象模型，是以一种独立于平台和语言的方式访问和修改一个文档的内容和结构，是对 Web 文档进行应用开发、编程的应用程序接口(API)。根据 DOM，HTML 文档中的每个成分都是一个节点。DOM 的规定如下：

- 整个文档是一个文档节点。
- 每个 HTML 标签是一个元素节点。
- 包含在 HTML 元素中的文本是文本节点。
- 每个 HTML 属性是一个属性节点。
- 注释属于注释节点。

单 元 测 试

1. HTML5 以前的 HTML 版本是(   )。
   A. HTML 4.01   B. HTML4   C. HTML 4.1   D. HTML 4.9
2. HTML5 的正确 DOCTYPE 是(   )。
   A. <!DOCTYPE html5>   B.<!DOCTYPE html>
   C. <!DOCTYPE html PUBLIC "-//W3C//DTD XHTML 1.0 Transitional//EN"
      "http://www.w3.org/TR/xhtml1/DTD/xhtml1-transitional.dtd">
3. 用于播放 HTML5 视频文件的正确 HTML5 元素是(   )。
   A. <movie>   B. <media>   C. <video>
4. 用于播放 HTML5 音频文件的正确 HTML5 元素是(   )。

A. <mp3>　　　　B. <audio>　　　C. <sound>
5. HTML5 中的<canvas>元素用于(　　)。
　　A. 显示数据库记录　　　　　　B. 操作 MySQL 中的数据
　　C. 创建可拖动的元素　　　　　D. 绘制图形

学 习 评 价

评价项目	评价内容	分　值	得　分
HTML5	掌握 HTML5 的基本概念	10	
HTML5 视频	掌握 HTML5 视频的使用方法	20	
HTML5 音频	掌握 HTML5 音频的使用方法	20	
Canvas	掌握 Canvas 的使用方法	40	
职业素养	循序渐进地学习新事物、举一反三	10	
合　计			

参 考 文 献

[1] 王寅峰. HTML5 跨平台开发基础与实战[M]. 北京：高等教育出版社，2014.

[2] 陈承欢. 网页设计与制作实用教程[M]. 2 版. 北京：人民邮电出版社，2011.

[3] 汪迎春. 网页设计与制作项目教程[M]. 北京：清华大学出版社，2014.

[4] 张丽英. Dreamweaver 网页设计与应用[M]. 北京：人民邮电出版社，2009.

[5] 孙永道，王征强. 网页设计与制作[M]. 2 版. 北京：中国铁道出版社，2012.

[6] W3school 在线教程[EB/OL]. https://www.w3school.com.cn/.